21世纪高职高专规划教材·机电系列

电工电子实验实训指导书

张文明　贺　刚
陈　贤　顾　玲　编著
王一曙　主审

清华大学出版社
北京交通大学出版社
·北京·

内容简介

本书由电工实验、电子实验、电工实训和电子实训四部分组成，内容编排上本书充分注重传授相关的知识和培养实践能力。可作为计算机、信息、机械、电子和自动化等专业开设相关实验、实训的指导书。

图书在版编目(CIP)数据

电工电子实验实训指导书/张文明等编著. — 北京 ：清华大学出版社；北京交通大学出版社，2005.7

(21世纪高职高专规划教材·机电系列)

ISBN 7-81082-561-5

Ⅰ.电… Ⅱ.张… Ⅲ.①电工技术-实验-高等学校：技术学校-教材 ②电子技术-实验-高等学校：技术学校-教材 Ⅳ.①TM-33 ②TN-33

中国版本图书馆CIP数据核字（2005）第067779号

责任编辑：韩 乐 特邀编辑：冯 峥
出 版 者：清华大学出版社 邮编：100084 电话：010-62776969
北京交通大学出版社 邮编：100044 电话：010-51686414
印 刷 者：北京瑞达方舟印务有限公司
发 行 者：新华书店总店北京发行所
开 本：185×260 印张：7.25 字数：181千字
版 次：2005年7月第1版 2005年7月第1次印刷
书 号：ISBN 7-81082-561-5/TM·9
印 数：1～4500册 定价：13.00元

21世纪高职高专规划教材·机电系列
编审委员会成员名单

出 版 说 明

高职高专教育是我国高等教育的重要组成部分，它的根本任务是培养生产、建设、管理和服务第一线需要的德、智、体、美全面发展的高等技术应用型专门人才，所培养的学生在掌握必要的基础理论和专业知识的基础上，应重点掌握从事本专业领域实际工作的基本知识和职业技能，因而与其对应的教材也必须有自己的体系和特色。

为了适应我国高职高专教育发展及其对教学改革和教材建设的需要，在教育部的指导下，我们在全国范围内组织并成立了“21 世纪高职高专教育教材研究与编审委员会”（以下简称“教材研究与编审委员会”）。“教材研究与编审委员会”的成员单位皆为教学改革成效较大、办学特色鲜明、办学实力强的高等专科学校、高等职业学校、成人高等学校及高等院校主办的二级职业技术学院，其中一些学校是国家重点建设的示范性职业技术学院。

为了保证规划教材的出版质量，“教材研究与编审委员会”在全国范围内选聘“21 世纪高职高专规划教材编审委员会”（以下简称“教材编审委员会”）成员和征集教材，并要求“教材编审委员会”成员和规划教材的编著者必须是从事高职高专教学第一线的优秀教师或生产第一线的专家。“教材编审委员会”组织各专业的专家、教授对所征集的教材进行评选，对列选教材进行审定。

目前，“教材研究与编审委员会”计划用 2～3 年的时间出版各类高职高专教材 200 种，范围覆盖计算机应用、电子电气、财会与管理、商务英语等专业的主要课程。此次规划教材全部按教育部制定的“高职高专教育基础课程教学基本要求”编写，其中部分教材是教育部《新世纪高职高专教育人才培养模式和教学内容体系改革与建设项目计划》的研究成果。此次规划教材编写按照突出应用性、实践性和针对性的原则编写并重组系列课程教材结构，力求反映高职高专课程和教学内容体系改革方向；反映当前教学的新内容，突出基础理论知识的应用和实践技能的培养；适应“实践的要求和岗位的需要”，不依照“学科”体系，即贴近岗位，淡化学科；在兼顾理论和实践内容的同时，避免“全”而“深”的面面俱到，基础理论以应用为目的，以必要、够用为度；尽量体现新知识、新技术、新工艺、新方法，以利于学生综合素质的形成和科学思维方式与创新能力的培养。

此外，为了使规划教材更具广泛性、科学性、先进性和代表性，我们希望全国从事高职高专教育的院校能够积极加入到“教材研究与编审委员会”中来，推荐“教材编审委员会”成员和有特色、有创新的教材。同时，希望将教学实践中的意见与建议及时反馈给我们，以便对已出版的教材不断修订、完善，不断提高教材质量，完善教材体系，为社会奉献更多更新的与高职高专教育配套的高质量教材。

此次所有规划教材由全国重点大学出版社——清华大学出版社与北京交通大学出版社联合出版，适合于各类高等专科学校、高等职业学校、成人高等学校及高等院校主办的二级职业技术学院使用。

21 世纪高职高专教育教材研究与编审委员会

2005 年 1 月

前　言

为了适应现代社会对人才的多样化需求，更好地满足高等职业技术教育教学改革需要，本书克服以往大多数实验实训教材只专注于教学内容和方法的研究的不足，在实验实训中充分注重传授相关的知识和培养实践能力。

本书有以下特点：

(1) 在教学中从理论到实践的转化，从示范性教学到应用型教学的转化；

(2) 从被动学习到现在的主动学习，引导学生掌握职业教育应掌握的技能和方法。

本书由电工实验、电子实验、电工实训和电子实训四部分组成，可作为计算机、信息、机械、电子、自动化等专业开设相关实验、实训课程的指导书。

本书由江苏常州纺织服装职业技术学院张文明、贺刚、陈贤、顾玲编著，王一曙主审。感谢陈贤做了大量文字工作，感谢王一曙副教授在百忙之中给予的大量帮助。

由于编者经验不足，时间仓促，书中难免有不妥之处，殷切期望读者给予批评指正。

编者

2005 年 7 月

目　录

第1章 电工实验

实验1.1 认识实验

一、实验目的

(1) 学习使用万用表(指针式万用表)的直流电压挡、测量电压和电阻挡测量电阻。
(2) 学习稳压电源的使用方法。
(3) 熟悉电阻器、电容器外形及识别方法。

二、实验仪器与设备

万用表一只,电工电子综合实验台,电阻、电容若干。

三、实验内容与步骤

1. 用万用表电阻挡测量电阻

将万用表挡位选择旋钮扳到合适的电阻挡,把红黑表笔短接,对电阻挡调零,然后测量电阻阻值。如指针的偏转角过大或过小,要变换挡位,使指针指在接近中间位置,这时的测量值既准确又便于读数。应注意每变换一次挡位均要重新调零。在实验台上找表1-1-1中的电阻,用万用表测量它的值,看是否与它所标的值一致,数据记入表1-1-1中。比较不同挡位的测量值,并记录电阻的色码。

表1-1-1 万用表测量电阻

电阻值	200 Ω	510 Ω	1 kΩ	5.1 kΩ	8.2 kΩ	10 kΩ
100 Ω挡测量						
1 kΩ挡测量						
色环颜色						

2. 电容器识别和检测

电容器识别和检测按要求填入表1-1-2中。

表 1-1-2　电容器识别和检测

标　志	识　别			测量漏电电阻		合格否
	材 料	容 量	耐 压	量 程	阻 值	

3. 用万用表测量直流电压

接通稳压电源，将电源的输出电压调整为 5 V(由稳压电源上的指示表头读数)；将万用表挡位选择旋钮扳到直流电压挡，挡位的选择要大于 5 V，然后对稳压电源的输出电压进行测量。稳压电源的输出电压按表 1-1-3 依次调整，每给定一个值，用万用表测量一次，并将测量值填入表 1-1-3 中。

表 1-1-3　万用表测量直流电压

稳压电源输出	5 V	7 V	9 V	11 V	13 V	15 V
10 V 挡测量				/	/	/
50 V 挡测量						

4. 用万用表测量交流电压

接通交流电源，将电源电压依次调节至表 1-1-4 的数据，用万用表的交流电压挡测量，并将数据记入表 1-1-4 中。

表 1-1-4　万用表测量交流电压

电 源 输 出	30 V	100 V	220 V	380 V
250 V 挡测量				/
500 V 挡测量				

四、实验结果分析

(1) 用不同的挡位测同一个电压或电阻值有什么不同？具体分析该如何选择挡。

(2) 使用万用表需要注意什么？

学生________　　成绩________
日期________　　教师________

实验 1.2　电位、电压的测量

一、实验目的

(1) 验证电路中电位的相对性、电压的绝对性。
(2) 掌握电位、电压测量方法。

二、实验仪器与设备

直流可调稳压电源、直流数字电压表、电位电压测定实验电路板。

三、实验内容与步骤

按图 1-2-1 接线。

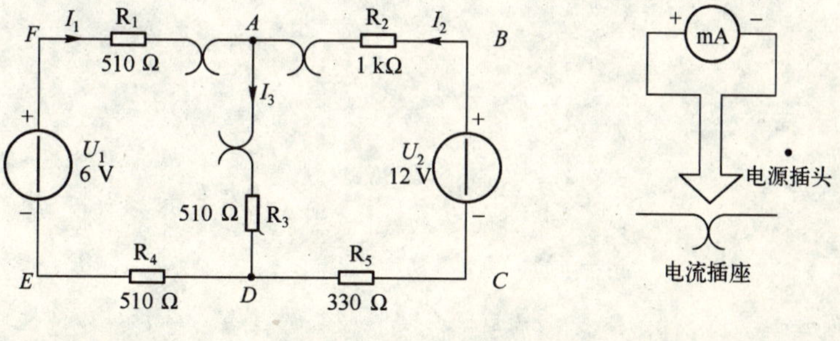

图 1-2-1　接线图

(1) 把两路直流稳压电源电压调整为 $U_1 = 6$ V，$U_2 = 12$ V，然后接入实验线路中。
(2) 以图 1-2-1 中的 A 点作为电位的参考点，分别测量 B、C、D、E、F 各点的电位值 ϕ 及相邻两点之间的电压值 U_{AB}、U_{BC}、U_{CD}、U_{DE}、U_{EF}及 U_{FA}，把数据记入表 1-2-1 中。

(3) 以 D 点作为参考点，重复实验内容 2 的测量，测得数据记入表 1-2-1 中。

表 1-2-1　万用表测量电压电位

电位参考点	ϕ 与 U	ϕ_A	ϕ_B	ϕ_C	ϕ_D	ϕ_E	ϕ_F	U_{AB}	U_{BC}	U_{CD}	U_{DE}	U_{EF}	U_{FA}
A	计算值												
	测量值												
	相对误差												
D	计算值												
	测量值												
	相对误差												

四、实验结果分析

(1) 若以 F 点为电位参考点，试问此时各点的电位值应有何变化？

(2) 根据数据分析电压与电位的联系与区别。

学生________　成绩________

日期________　教师________

实验 1.3　基尔霍夫定律的验证

一、实验目的

(1) 验证基尔霍夫定律,加深对基尔霍夫定律的理解。

(2) 学会电路接线,电压、电流测量的方法。

(3) 加深对电压、电流参考方向的理解。

二、实验设备

直流可调稳压电源、直流数字电压表、电位电压测定实验电路板、导线若干。

三、实验内容

实验线路与图 1-2-1 相同。

(1) 实验前先任意设定三条支路和三个闭合回路的电流正方向。图 1-2-1 中的 I_1、I_2、I_3 的方向已设定。三个闭合回路的电流正方向可设为 *ADEFA*、*BADCB* 和 *FBCEF*。

(2) 分别将两路直流稳压源接入电路,并使 $U_1 = 6\ \text{V}$, $U_2 = 12\ \text{V}$。

(3) 熟悉电流插头的结构,将电流插头的两端接至数字电流表的"+、-"两端。

(4) 将电流插头分别插入三条支路的三个电流插座中,读出并记录电流值。

(5) 用直流数字电压表分别测量两路电源及电阻元件上的电压值,并记录之。

表 1-3-1　测量值

被测量	I_1	I_2	I_3	U_1	U_2	U_{FA}	U_{AB}	U_{AD}	U_{CD}	U_{DE}
计算值										
测量值										
相对误差										

四、实验结果分析

(1) 分析以上的实验结果,你能得到什么结论?

(2) 实验中,若用指针式万用表测量数据,在什么情况下出现指针反偏,应如何处理?在记录数据时应注意什么?若用数字电压表进行测量时,则会有什么显示呢?

学生________ 成绩________
日期________ 教师________

实验 1.4 正弦交流电路认识实验

一、实验目的

(1) 学习交流电压表、交流电流表的使用方法。

(2) 学习单相调压器的使用方法。

(3) 学习交流电压、电流的测量;验证电阻、电感、电容元件电压、电流有效值之间的关系。

二、实验仪器与设备

单相调压器、万用表、元件箱。

三、实验内容与步骤

1. 学习单相调压器的使用

用万用表交流电压挡(选择 250 V 挡)测量调压器输入电压,在测量时转动调压器手柄,观察调压器输出电压的变化范围。

2．测量电阻、电容、电感的 *U-I* 特性

测量电路如图 1-4-1。先在被测元件位置接入电阻，调压器电压从 0 V 起调，电阻功率为 1 W。在电阻功率允许范围内选定 5 个测试点，然后逐点进行测量。将被测量出的电流值和电压值分别填入表 1-4-1 中。

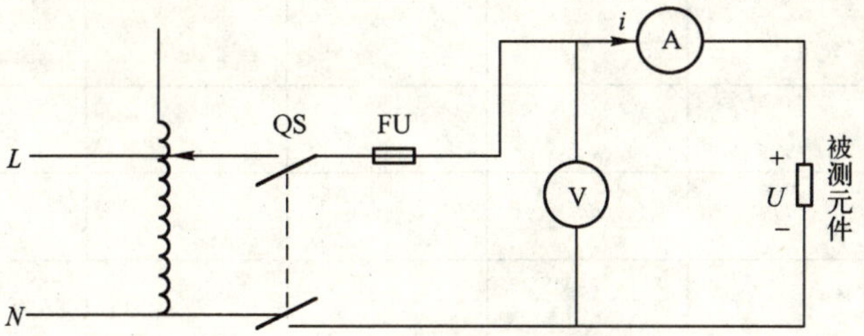

图 1-4-1　交流电流与电压实验电路图

表 1-4-1　电阻的电压、电流测量数据

项目 次数	给定值	测量值		计算值	平均值
	R/Ω	U/V	I/mA	R/Ω	R'/Ω
1	200				
2	200				
3	200				
4	200				
5	200				

将被测电阻分别换成电容和电感，测量方法不变，并将各测量值分别填入表 1-4-2 中和表 1-4-3 中。

表 1-4-2　电容的电压、电流测量数据

项目 次数	给定值	测量值		计算值		平均值
	$C/\mu F$	U/V	I/mA	X_C/Ω	$C/\mu F$	$C'/\mu F$
1						
2						
3						
4						
5						

表 1-4-3　电感的电压、电流测量数据

项目 / 次数	给定值	测量值		计算值		平均值
	L/H	U/V	I/mA	X_L/Ω	L/H	L'/H
1						
2						
3						
4						
5						

四、实验结果分析

(1) 根据各表中测量值,完成计算后填入各自表格中。

(2) 根据各表中的测量值,在坐标纸(或方格纸)上按比例进行描点,分别画出电阻、电感的 U-I 特性曲线,并说明各曲线是线性还是非线性?是否符合欧姆定律?

(3) 通过本次实验你得到什么结论?

学生________　　成绩________

日期________　　教师________

实验 1.5　日光灯照明电路及功率因数的提高

一、实验目的

(1) 学习功率表的使用。

(2) 学习日光灯电路的接线,了解日光灯工作原理。

(3) 了解提高功率因数的意义和方法。

二、实验仪器与设备

单相功率表、交流电流表、万用表、两相刀开关、电容箱、日光灯试验板。

三、实验内容与步骤

(1) 实验电路如图 1-5-1 所示。

(2) 电路在接线时要注意,电路连线完毕必须经老师检查确实无误后才能通电实验。

(3) 电路接通电源,电容箱的开关先断开,当灯管正常发光后,根据表 1-5-1 中要求进行测量并将各测量值填入表 1-5-1 中。然后接入电容箱,分别接入不同电容值,将测量值填入表 1-5-1 对应的表格中。

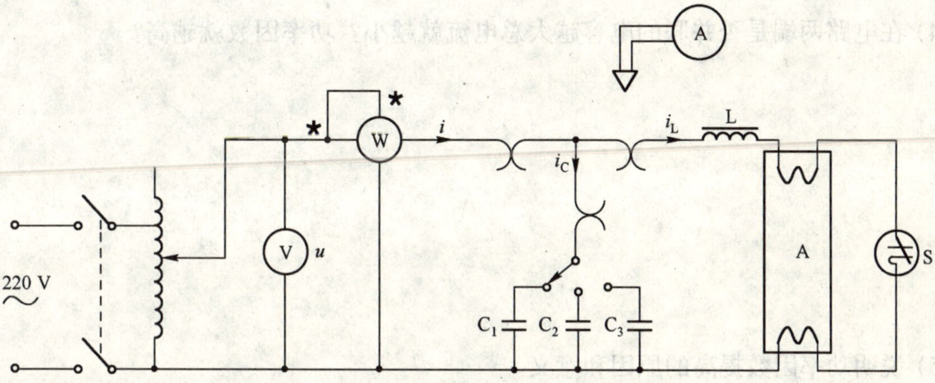

图 1-5-1　日光灯电路

表 1-5-1　测量数据

电 容 值	测 量 数 值							计 算 值	
$C/\mu F$	P/W	U/V	U_L/V	U_C/V	I_L/A	I_C/A	I/mA	P/W	$\cos\phi$
0									

续表

电容值	测量数值							计算值	
$C/\mu F$	P/W	U/V	U_L/V	U_C/V	I_L/A	I_C/A	I/mA	P/W	$\cos\phi$
1									
2.2									
4.7									

四、实验结果分析

(1) 根据表中的测量值,完成表中要求的计算并记入表中。

(2) 并联电容后,电路中哪些量发生了变化,哪些量没有发生变化?

(3) 并联电容后电路的功率因数如何变化?

(4) 在电路两端是否并联的电容越大总电流就越小?功率因数就越高?

(5) 说明功率因数提高的原因和意义。

学生________ 成绩________

日期________ 教师________

实验 1.6　三相交流电路电压、电流的测量

一、实验目的

(1) 掌握三相负载星形连接、三角形连接的方法，验证这两种接法，线、相电压及线、相电流之间的关系。

(2) 充分理解三相四线供电系统中中线的作用。

二、实验仪器与设备

交流电压表、交流电流表、万用表、三相自耦调压器、三相灯组负载。

三、实验内容与步骤

三相负载星形连接(三相四线制供电)，按图 1-6-1 线路连接实验电路，即三相灯组负载经三相自耦调压器接通三相对称电源。将三相调压器的旋柄置于输出为 0 V 的位置(即逆时针旋到底)。经指导教师检查合格后，方可开启实验台电源，然后调节调压器的输出，使输出的三相线电压为 220 V，并按下述内容完成各项实验，分别测量三相负载的线电压、相电压、线电流、相电流、中线电流、电源与负载中点间的电压。将所测得的数据记入表 1-6-1 中，并观察各相灯组亮暗的变化程度，特别要注意观察中线的作用。

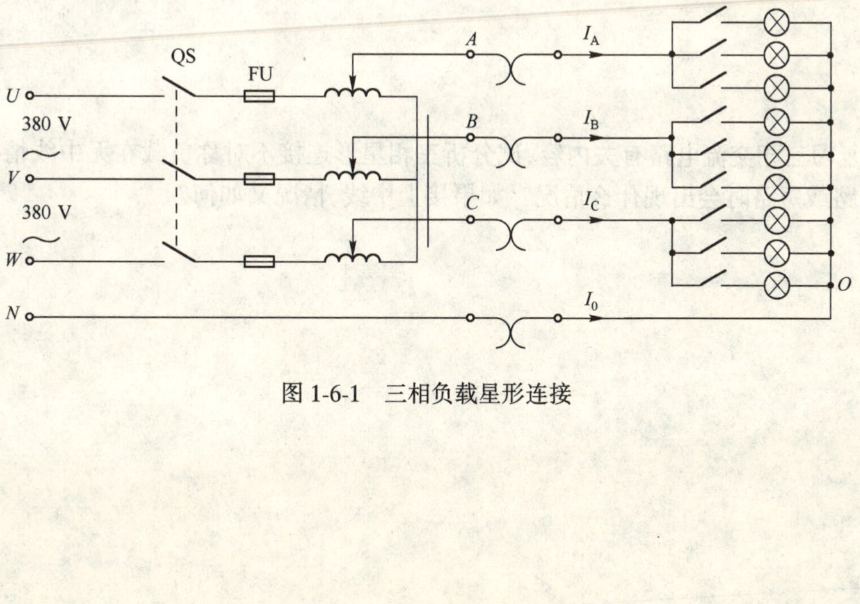

图 1-6-1　三相负载星形连接

表 1-6-1　测量数据

测量数据	开灯盏数			线电流/A			线电压/V			相电压/V			中线电流	中点电压
实验内容/负载情况	*A* 相	*B* 相	*C* 相	I_A	I_B	I_C	U_{AB}	U_{BC}	U_{CA}	U_{AO}	U_{BO}	U_{CO}	I_O /A	U_{NO} /V
Y_O 接平衡负载														
Y 接平衡负载														
Y_O 接不平衡负载														
Y 接不平衡负载														
Y_O 接 *B* 相断开														
Y 接 *B* 相断开														
Y 接 *B* 相短路														

四、实验结果分析

(1) 三相负载根据什么条件作星形或三角形连接？

(2) 复习三相交流电路有关内容，试分析三相星形连接不对称负载在无中线情况下，当某相负载开路或短路时会出现什么情况？如果接上中线，情况又如何？

(3) 本次实验中为什么要通过三相调压器将 380 V 的市电线电压降为 220 V 的线电压使用？

学生________　　成绩________
日期________　　教师________

实验 1.7　三相鼠笼式异步电动机直接起动

一、实验目的

(1) 通过对三相鼠笼式异步电动机点动控制和自锁控制线路的实际安装接线，掌握由电气原理图变换成安装接线图的知识。

(2) 通过实验进一步加深理解点动控制和自锁控制的特点。

二、实验仪器与设备

三相交流电源、三相鼠笼式异步电动机、交流接触器、按钮、热继电器、熔断器、交流电压表、万用电表。

三、实验内容与步骤

认识各电器的结构、图形符号、接线方法，抄录电动机及各电器铭牌数据，并用万用电表欧姆挡检查各电器线圈、触头是否完好。

鼠笼电动机接成△接法；实验线路电源端接三相自耦调压器输出端 U、V、W，供电线电压为 220 V。

1. 电动机点动控制

点动控制按图 1-7-1 点动控制线路进行安装连线，连接线时，先连接主电路，即从 220 V 三相交流电源的输出端 U、V、W 开始，经接触器 KM 的主触头，热继电器 FR 的热元件到电动机 M 的三个出线端接 A、B、C，用导线按顺序串联起来。主电路连接完整无误后，再连接控制电路，即从 220 V 三相交流电源某输出端(如 V)开始，经过常开按钮 SB1、接触器 KM 的线圈、热继电器 FR 的常闭触头到三相交流电源另一输出端(如 W)。显然这是对接触器 KM 线圈供电的电路。

连接好线路，经指导教师检查后，方可进行通电操作，操作步骤如下。

(1) 开启控制屏电源总开关，按组合开关 Q1，调节调压器输出，使输出线电压为 220 V。

(2) 按起动按钮 SB1，对电动机 M 进行点动操作，比较按下 SB1 与松开 SB1 电动机和接触器的运行情况。

(3) 实验完毕，按控制屏停止按钮，切断实验线路三相交流电源。

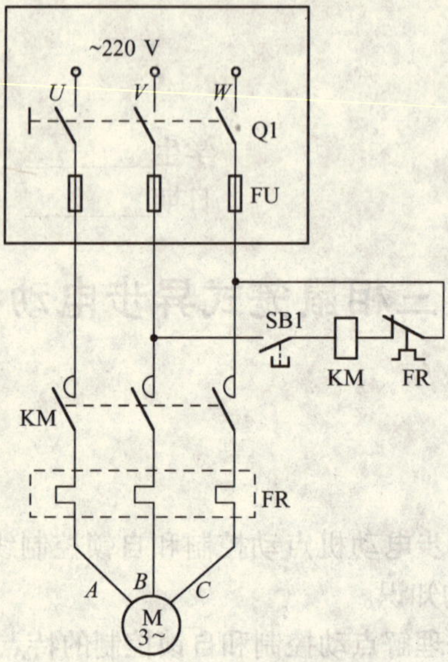

图 1-7-1　电动机点动控制

2. 电动机自锁控制

自锁控制电路按图 1-7-2 所示自锁线路进行连线，它与图 1-7-1 的不同点在于控制电路中，多串联一只常闭按钮 SB2，同时在 SB1 上并联 1 只接触器 KM 的常开触头，它起自锁作用。连接好线路经指导教师检查后，方可进行通电操作，操作步骤如下。

(1) 按起动按钮 Q1，接通 220 V 三相交流电源。

(2) 按起动按钮 SB1，松手后观察电动机 M 是否继续运转。

(3) 按停止按钮 SB2，松手后观察电动机 M 是否停止运转。

(4) 按控制屏停止按钮，切断实验线路三相电源，拆除控制回路中自锁触头 KM，再接通三相电源，起动电动机，观察电动机及接触器的运转情况。从而验证自锁触头的作用。

(5) 实验完毕，将自耦调压器调回零位，按控制屏停止按钮，切断实验线路的三相交流电源。

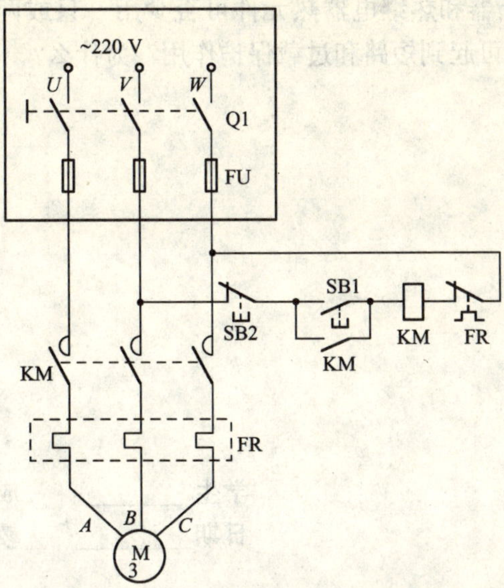

图 1-7-2　电动机自锁控制

四、实验结果分析

(1) 试比较点动控制线路与自锁控制线路,从结构上看主要区别是什么？从功能上看主要区别是什么？

(2) 交流接触器线圈的额定电压为 220 V,若误接到 380 V 电源上会产生什么后果？反之,若接触器线圈电压为 380 V,而电源线电压为 220 V,其结果又如何？

(3) 在主回路中，熔断器和热继电器热元件可否少用一只或两只？熔断器和热继电器两者可否只采用其中一种就可起到短路和过载保护作用？为什么？

学生________ 成绩________

日期________ 教师________

第2章　电子实验

实验2.1　认识实验

一、实验目的

(1) 掌握多功能信号发生器的使用方法。

(2) 掌握示波器的使用方法。

(3) 示波器测量多功能信号发生器输出波形和用示波器调节多功能信号发生器产生所需信号。

二、实验仪器与设备

多功能信号发生器、双踪示波器、电子学实验板。

三、实验内容与步骤

(1) 仔细观察示波器的面板，了解示波器面板上旋钮和开关的位置。

(2) 了解各个开关、旋钮的作用

- POWER 为电源开关。
- AC/DC 为交流/直流拨钮开关。
- VOLTS/DIV 为电压量程开关。
- TIME/DIV 为时间量程开关。
- CH1 为第一通道，CH2 为第二通道。

(3) 按下示波器电源开关 POWER。

(4) 分别调节辉度和聚焦钮得到一个尖细的光迹。

(5) 将示波器的信号输入线连接到多功能信号发生器的输出线上，分别调节多功能信号发生器的频率为 10 kHz，输出选择为正弦波，在示波器上观察信号波形，通过调节输出幅度，使波形的峰 - 峰值为 100 mV，并在实验报告中绘出。

(6) 在示波器的 CH2 观察多功能信号发生器的输出信号，并使多功能信号发生器输出一个频率为 2 kHz，幅度为 0.5 V 的矩形波，并在实验报告中绘出。

四、实验结果分析

绘出实验内容与步骤 5、6 的波形。

学生________ 成绩________
日期________ 教师________

实验 2.2 整流滤波稳压电路

一、实验目的

(1) 掌握直流电源的组成。
(2) 学会用万用表测量晶体二极管的极性和正、反向电阻。
(3) 了解半波整流、桥式整流滤波稳压电路的连接方法。
(4) 掌握示波器观察整流滤波电路的波形；并测定其输出、输入电压间关系。

二、实验仪器与设备

电子学综合实验板、万用表、示波器。

三、实验内容与步骤

1. 二极管的测试

用万用表电阻挡(R×1 kΩ)挡分别测量实验板上 4 个二极管的正反向电阻，将测量值记录在表 2-2-1 中，并判断各二极管的好坏。(注意万用表测量电阻时，连接在负插孔上的黑表笔接的是万用表内电池的正极。)

表 2-2-1

	二极管 1	二极管 2	二极管 3	二极管 4
正向电阻				
反向电阻				
测试结论				

2. 半波整流电路

(1) 按图 2-2-1 连接电路，接通电源。

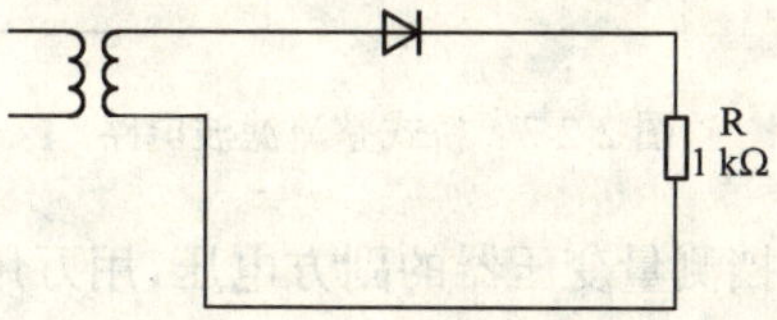

图 2-2-1　半波整流电路

(2) 用万用表的交流电压挡测量变压器的副方电压，用万用表的直流电压挡测量负载 R 上的电压，并记录在表 2-2-2 中。

(3) 用示波器观察变压器副方电压和负载上电压 U 的波形，并绘出波形。

3. 桥式整流电路

(1) 按图 2-2-2 连接电路，接通电源。

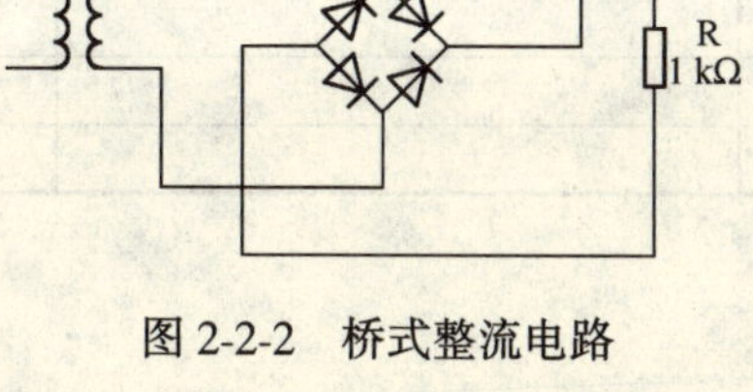

图 2-2-2　桥式整流电路

(2) 用万用表的交流电压挡测量变压器的副方电压,用万用表的直流电压挡测量负载 R 上的电压,并记录在表 2-2-2 中。

(3) 用示波器观察变压器副方电压和负载上电压 U 的波形,并绘出波形。

4. **桥式整流滤波电路**

(1) 按图 2-2-3 连接电路,接通电源。

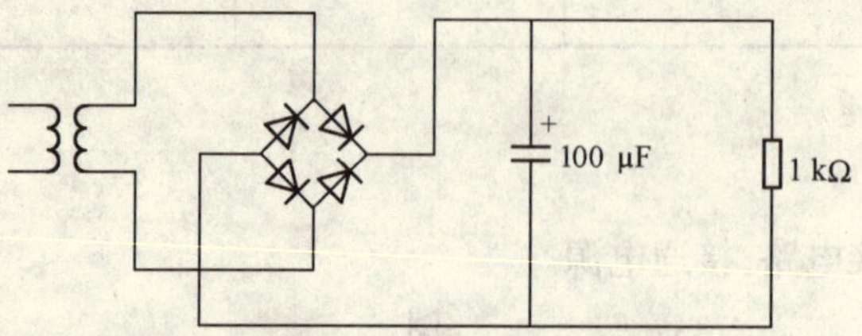

图 2-2-3　桥式整流滤波电路

(2) 用万用表的交流电压挡测量变压器的副方电压,用万用表的直流电压挡测量负载 R 上的电压,并记录在表 2-2-2 中。

(3) 用示波器观察变压器副方电压和负载上电压 U 的波形。

5. **桥式整流滤波稳压电路**

(1) 按图 2-2-4 连接电路,接通电源。

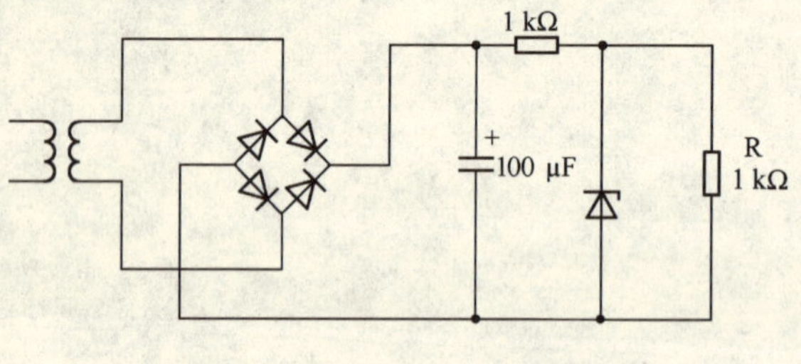

图 2-2-4　桥式整流滤波稳压电路

(2) 用万用表的交流电压挡测量变压器的副方电压,用万用表的直流电压挡测量负载 R 上的电压,并记录在表 2-2-2 中。

(3) 用示波器观察变压器副方电压和负载上电压 U 的波形,并给出波形。

6. 并在图 2-2-5 中绘出各种整流电路的电压波形。

表 2-2-2

	变压器副方电压/V	负载上电压/V
半波整流电路		
桥式整流电路		
桥式整流滤波电路		
桥式整流滤波稳压电路		

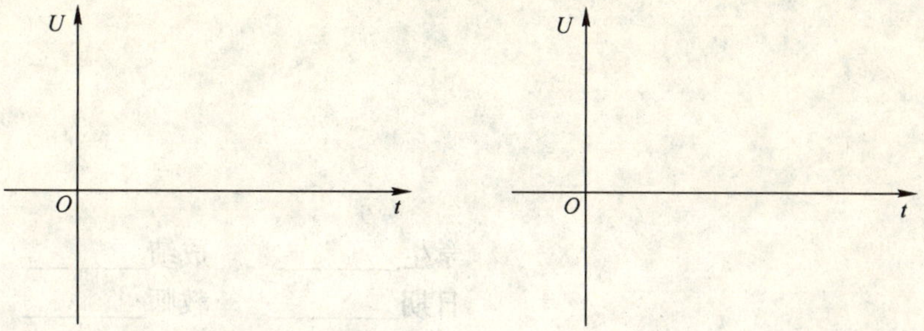

(a) 变压器副方电压波形　　　　(b) 半波整流电路负载波形

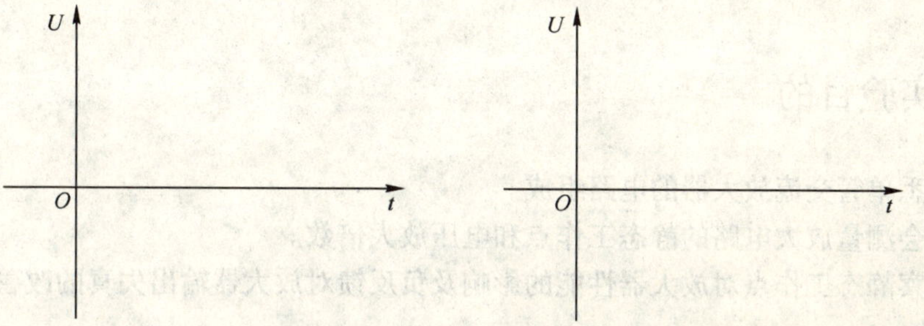

(c) 桥式整流电路电压波形　　　　d) 桥式整流滤波稳压电路电压波形

图 2-2-5　各种整流滤波稳压电路的电压的波形

四、实验结果分析

(1) 比较实际测量的单相半波整流、桥式整流与理论计算数值有无不同,为什么?

(2) 桥式整流经电容滤波后,影响输出电压的主要因素是什么?

(3) 用万用表不同电阻挡测量二极管电阻时，二极管正向电阻是否相同？为什么？

学生________　　成绩________

日期________　　教师________

实验 2.3　单管交流电压放大电路

一、实验目的

(1) 熟悉单管交流放大器的电路组成。

(2) 学会测量放大电路的静态工作点和电压放大倍数。

(3) 观察静态工作点对放大器性能的影响及负反馈对放大器输出失真的改善。

二、实验仪器与设备

电子学综合实验板、万用表、示波器、电源板、多功能信号发生器。

三、实验内容与步骤

1. 调整并测量静态工作点

(1) 按图 2-3-1 连接放大电路。

(2) 测量静态工作点，接通电源前，先将 R_w 调到最大，将直流电流表按所示极性串接好，接通 +15 V 电源，调节 R_w，使 $I_C \approx 1$ mA(电流值可从所串接的直流电流表读出)；用直流电压表测量 V_B、V_C、V_E，将数据记入表 2-3-1 中。

(3) 接上电源，使多功能信号发生器的信号大小为 10 mV，频率为 1 kHz，输出到放大电路的输入端，再将示波器接在放大电路的输出端。

(4) 逐步增大多功能信号发生器的输出电压(即逐步增大放大电路的输入电压 u_i)，在示波器上观察放大器的输出电压波形，当波形失真时，可调节电位器 R_w，改变静态工作点位置，使波形恢复为正弦波。再调节 R_w 直到示波器上出现最佳放大状态。

2. 测量电压放大倍数

重新接上信号源，调节输入信号 $u_i = 10$ mV，$f = 1$ kHz，用示波器观察放大电路的输出波形，在波形不失真的情况下，测量下面三种情况的 V_o 值，并用示波器同时观察 V_o 和 V_i 的相位关系，记入表 2-3-2。

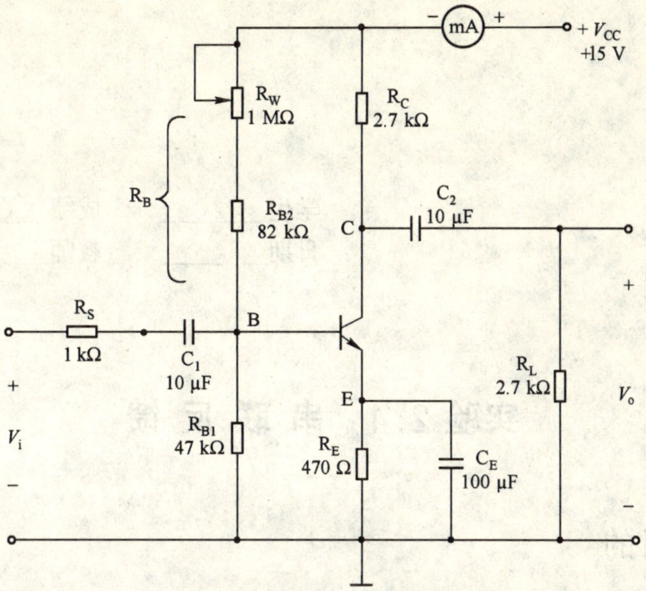

图 2-3-1 放大电路

表 2-3-1

测 量 值	分 压 式 偏 置 电 路				
V_B					
V_C					
V_E					
晶体管工作状态					

表 2-3-2

R_C/kΩ	R_L/kΩ	V_o/V	A_V	记录 V_i 和 V_o 的波形
2.7	∞			
1	∞			
2.7	2.7			

四、实验结果分析

(1) 认真记录整理测试数据。

(2) 如何判别三极管的三个工作状态(即放大、饱和、截止)?

学生________　　成绩________

日期________　　教师________

实验 2.4　串联反馈

一、实验目的

加深理解放大电路中引入负反馈的方法和负反馈对放大器各项性能指标的影响。

二、实验仪器与设备

电子学综合实验板、万用表、示波器、电源板、多功能信号发生器。

三、实验内容与步骤

1. 测量直流静态工作点

按图 2-4-1 连接好实验电路,取 $V_{CC}=+15$ V, $V_i=0$ V,用直流电压表分别测量第一、二级的 V_B、V_E、V_C 电压,并用直流电流表分别测量第一、二级的 I_C,将所测得的值,即该放大器的静态工作点记入表 2-4-1 中。

2. 测试基本放大器和反馈放大器的各项性能指标

按照图 2-4-1 连接成的一个带有串联负反馈的两级阻容耦合放大器继续做加负反馈回路和不加负反馈回路的实验。

测量该放大器的电压放大倍数 A_v,输入电阻 R_i 和输出电阻 R_o。

用信号源给该放大器输入 $f=1$ kHz, u_s 约为 20 mV 的正弦信号。(该放大器直流静态工作点的调整参考图 2-4-1)用示波器监视输出波形 u_o,在 u_o 不失真的情况下,用示波器测量 u_s、u_i、u_o、u_L,并将其值记入表 2-4-2(u_o 是空载时输出电压,u_L 是有载时输出电压)。断开负反馈回路,重新测量基本放大器的 u_s、u_i、u_o、u_L 及 R_i 和 R_o 的值,将所测得的值记入表 2-4-2 表中。

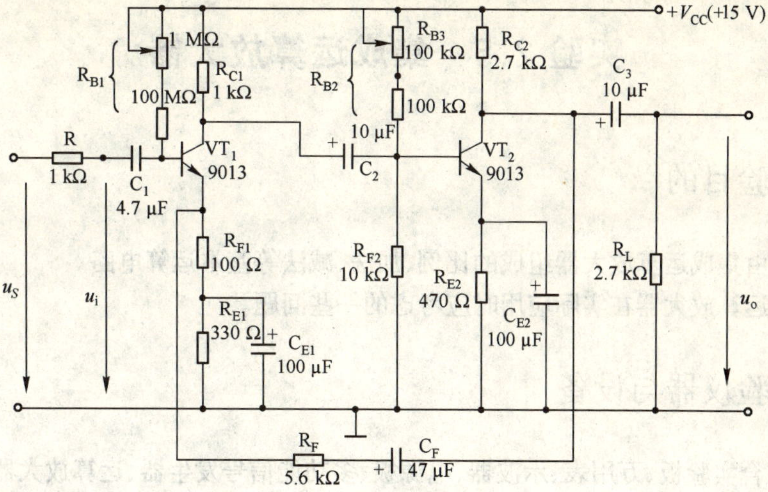

图 2-4-1　放大器实验电路

表 2-4-1

	V_B	V_E	V_C	I_C
第一级				
第二级				

表 2-4-2

	u_s	u_i	u_L	u_o	A_v	R_L	R_o
基本放大器							
负反馈放大器							

四、实验结果分析

认真整理数据并作出分析。

学生________　　成绩________

日期________　　教师________

实验 2.5　集成运算放大器

一、实验目的

(1) 熟悉由集成运算放大器组成的比例、加法、减法等基本运算电路。
(2) 了解运算放大器在实际应用时应考虑的一些问题。

二、实验仪器与设备

电子学综合实验板、万用表、示波器、电源板、多功能信号发生器、运算放大器实验板。

三、实验内容与步骤

1. 反相比例运算电路实验

按图 2-5-1 连接好电路，运放采用 ±15 V 供电，在输入端输入 $V_i = 0.5$ V，$f = 100$ Hz 的正弦信号，测量相应的 V_o，并用示波器观测 V_o 和 V_i 的相位关系，将观测到的波形及数据记入表 2-5-1 中。

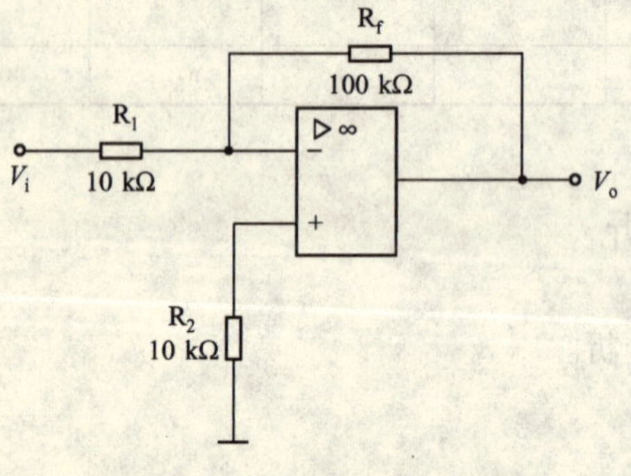

图 2-5-1　反相比例运算电路

表 2-5-1

V_i/V	V_o/V	V_i 波形	V_o 波形	A_v	
				实验值	计算值

2. **同相比例运算电路**

按图 2-5-2 连接好电路，具体实验方法与实验内容 1 相同，而后将观测到的波形及数据记入表 2-5-2 中。

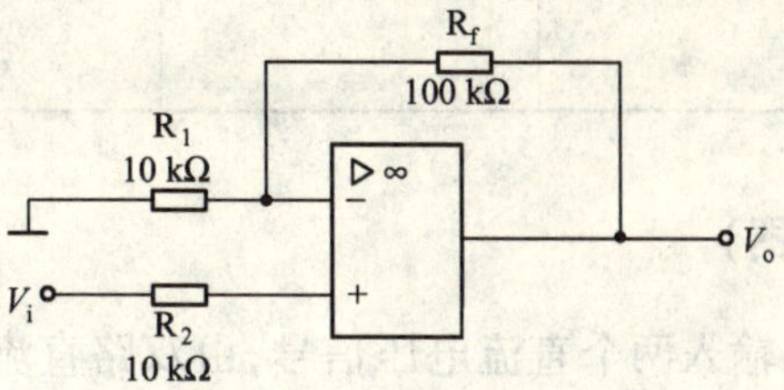

图 2-5-2　同相电路

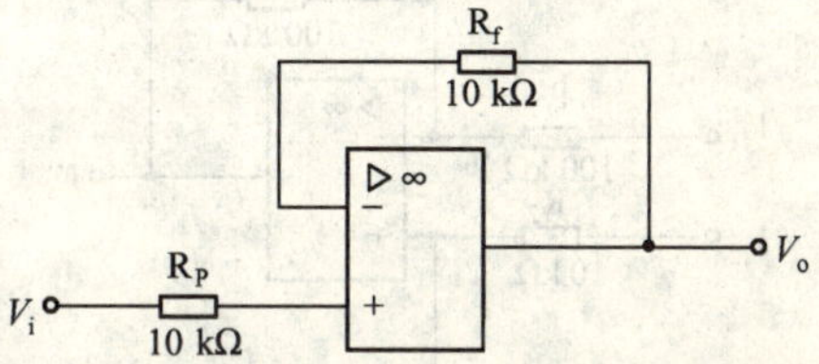

图 2-5-3　电压跟随电路

表 2-5-2

V_i/V	V_o/V	V_i 波形	V_o 波形	A_v	
				实验值	计算值

3. **电压跟随电路**

按图 2-5-3 连接好电路，这里 R_p 为接在同相端减少温漂的电阻，$R_p = R_f$，电阻 R_f 之值一般取 10 kΩ 左右，太小起不到保护作用；太大则影响跟随性，具体实验可仿效实验 1。

4. **反相加法运算电路（加法器）**

按图 2-5-4 连接好电路，输入两个直流电压信号，用表测量输入电压及输出电压，并将其记入表 2-5-3 中。

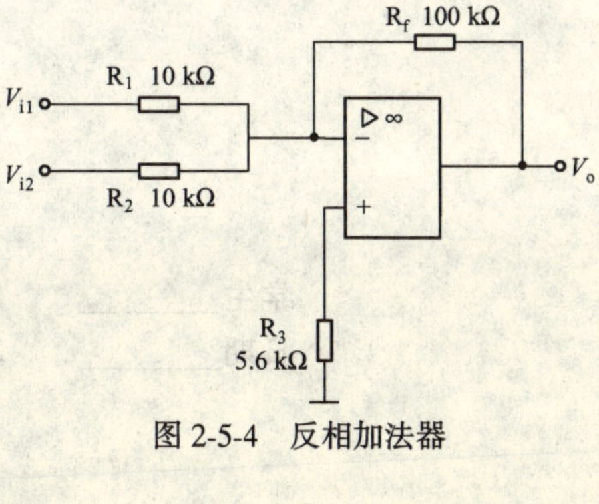

图 2-5-4　反相加法器

表 2-5-3

V_{i1}				
V_{i2}				
V_o				

5. 减法运算电路(减法器)

按图 2-5-5 连接好电路,输入两个直流电压信号,由双路直流稳压电源提供,用直流电压表测量输入电压和输出电压,并将其记入表 2-5-4 中。

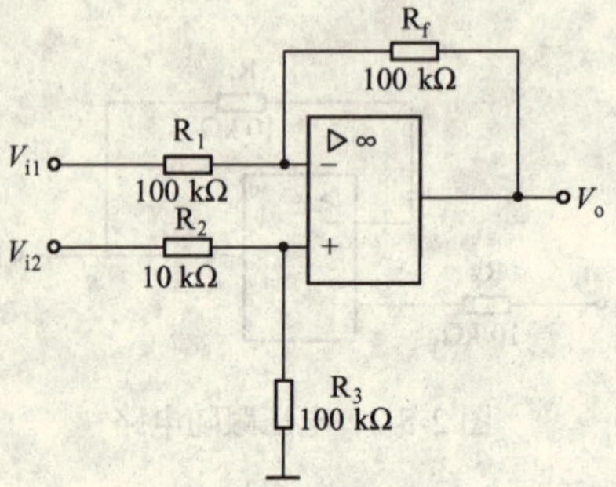

图 2-5-5　减法器

表 2-5-4

V_{i1}				
V_{i2}				
V_o				

四、实验结果分析

根据表 2-5-2 中的计算值在此写出计算过程。

学生________　　成绩________

日期________　　教师________

实验 2.6 组合逻辑电路

一、实验目的

(1) 掌握与门、与非门、与或门、与或非门电路的逻辑功能。
(2) 能根据需要自己设计简单逻辑电路。

二、实验仪器

综合电工电子实验装置、电源板、运算放大器实验板、与门和与非门实验板、与或门和与或非门实验板、电平输出实验板以及七段码显示实验板。

三、实验内容及步骤

1. 测试与非门电路的逻辑功能

(1) 给与非门电路提供 5 V 电源。

(2) 从电平输出实验板上给与非门 A、B 端输入电平，把输出端 Z 接到输出电平显示板，分别使 A、B 端输入高低电平，观察输出端电平并记录在表 2-6-1 中。(红色 LED 发光表示高电平，不发光表示低电平)

表 2-6-1

输入端		输出端
A	B	Z
0	0	
0	1	
1	0	
1	1	

2. 测试与门电路的逻辑功能

(1) 给与门电路提供 5 V 电源。

(2) 从电平输出实验板输出端子上给与门 A、B 端输入电平，把输出端 Z 接到输出电平显示板，分别给 A、B 端输入高低电平，观察输出端电平，并记录在表 2-6-2 中。

表 2-6-2

输 入 端		输 出 端
A	B	Z
0	0	
0	1	
1	0	
1	1	

3. 与或非门电路测试

(1) 给与或非门电路提供 5 V 电源。

(2) 从电平输出实验板上给与或非门 A、B、C、D 端输入电平，把输出端 Z 接到输出电平显示板，分别给 A、B、C、D 端输入高低电平，观察输出端 Z 电平，并记录在表 2-6-3 中。

表 2-6-3

输 入 端				与或非门输出端	与或门输出端
A	B	C	D	Z	Z
0	0	0	0		
0	0	0	1		
0	0	1	0		
0	0	1	1		
0	1	0	0		
0	1	0	1		
0	1	1	0		

续表

输入端				与或非门输出端	与或门输出端
A	*B*	*C*	*D*	*Z*	*Z*
0	1	1	1		
1	0	0	0		
1	0	0	1		
1	0	1	0		
1	0	1	1		
1	1	0	0		
1	1	0	1		
1	1	1	0		
1	1	1	1		

4. 与或门电路测试

(1) 给与或门电路提供 5 V 电源。

(2) 从输出电平实验板上给与或门 *A*、*B*、*C*、*D* 端输入电平，把输出端 *Z* 接到输出电平显示板，分别给 *A*、*B*、*C*、*D* 端输入高低电平，观察输出端 *Z* 电平，并记录在表 2-6-3 中。

5. 设计一个三人表决器电路(多数赞成通过)

(1) 按任务要求，列真值表，如表 2-6-4 所示。

表 2-6-4

A	0	0	0	0	1	1	1	1
B	0	0	1	1	0	0	1	1
C	0	1	0	1	0	1	0	1
Z								

(2) 与非门构成电路，如图 2-6-1 所示。

从电平输出实验板上给 *A*、*B*、*C* 端输入电平，把输出端 *Z* 接到输出电平显示板。分别给 *A*、*B*、*C* 端输入高低电平，观察并记录输出端 *Z* 电平，并记入 2-6-4 真值表中。

(3) 验证设计正确性。

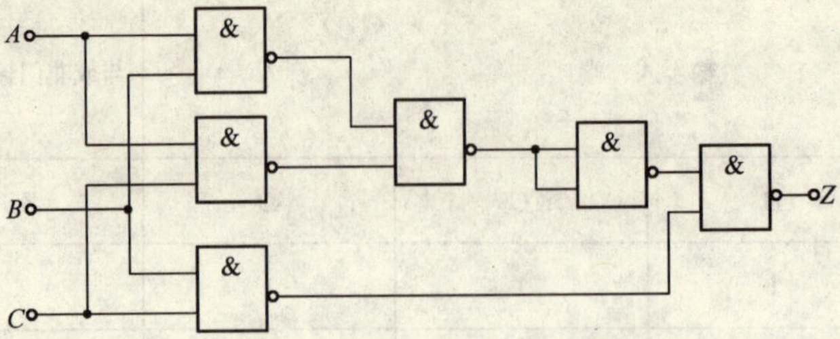

图 2-6-1　与非门构成的三人表决器电路

6. 半加器测试

用与非门电路组成半加器，如图 2-6-2 所示。

(1) 写出下图的逻辑表达式。

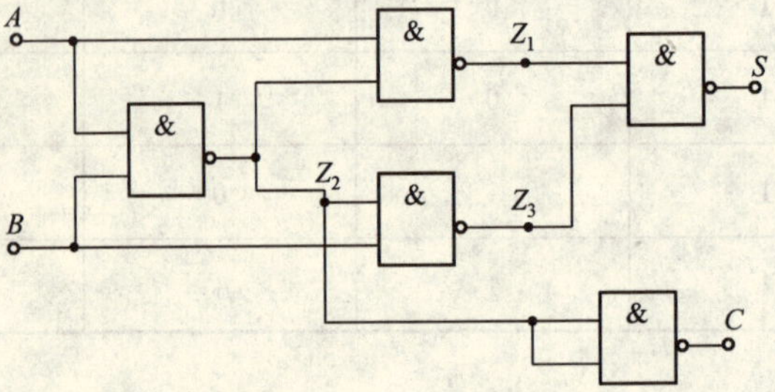

图 2-6-2　半加器

(2) 按照要求连接好实验电路，从电平输出实验板上给 A、B 端输入电平，把输出端接到输出电平显示板。分别给 A、B 端输入高低电平，观察输出端电平，并将记录记入表 2-6-5 真值表中。

表 2-6-5　真值表

A	B	Z_1	Z_2	Z_3	S	C

四、实验结果分析

(1) 根据实验结果写出与门、与非门、与或门、与或非门电路的逻辑表达式。

(2) 根据与或非门、与或门电路的真值表写出与或非门、与或门关系。

(3) 根据实验结果写出三人表决器的逻辑表达式。

(4) 根据实验结果写出用与非门电路组成的半加器的逻辑表达式。

学生________ 成绩________

日期________ 教师________

实验 2.7　集成触发器及其应用

一、实验目的

(1) 掌握基本 RS 触发器、D 触发器、JK 触发器的逻辑功能及其测试方法。

(2) 熟悉不同结构触发器的工作特性。

二、实验仪器与设备

电源板、RS,D,JK 触发器实验板、LED 七段码显示器。

三、实验内容与步骤

图 2-7-1 为三种触发器符号图

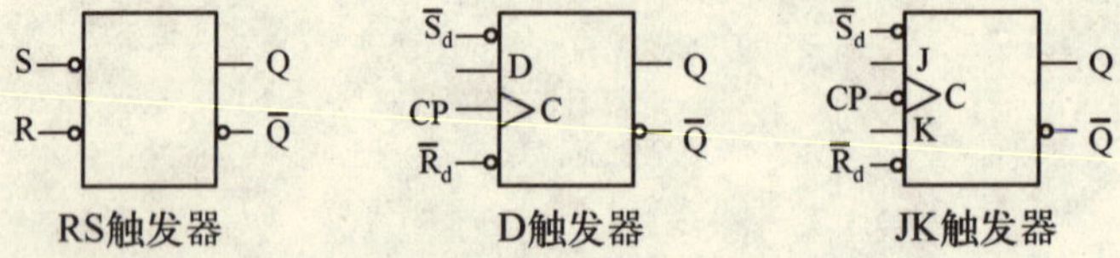

图 2-7-1　三种触发器

1. 基本 RS 触发器逻辑功能的测试与记录

(1) 给触发器实验板连接 +5 V 电源。

(2) 从电平输出实验板上给 S、R 端输入电平，把输出端接到输出电平显示板。分别给 A、B 端输入高低电平，观察输出端电平，将记录记入表 2-7-1 中。

表 2-7-1　状态表

S	*R*	*Q*	$\overline{Q}$
0	0		
0	1		
1	0		
1	1		

2. D 触发器的逻辑功能的测试与记录

(1) 给触发器实验板连接 +5 V 电源。

(2) 从电平输出实验板上给 *D* 端输入电平，CP 端连接到 50 倍的脉冲输出端，脉冲输出端同时接到输出电平显示板，D 触发器的输出端接到输出电平显示板。分别给 *D* 端输入高低电平，观察 D 触发器的输出端电平，将记录记入表 2-7-2 中。

表 2-7-2　状态表

D	CP	Q_{n+1}	
		$Q_n=0$	$\overline{Q}_n=1$
0	0→1		
	1→0		
1	0→1		
	1→0		

3. JK 触发器的逻辑功能的测试

(1) 给触发器实验板连接 +5 V 电源。

(2) 从电平输出实验板上给 J、K 端输入电平，CP 端连接到 50 倍的脉冲输出端，脉冲输出端同时接到输出电平显示板，D 触发器的输出端接到输出电平显示板。分别给 J、K 端输入高低电平，观察 JK 触发器的输出端电平，并将记录记入表 2-7-3 中。

表 2-7-3　状态表

J	K	CP	Q_{n+1}	
			$Q_n=0$	$\overline{Q}_n=1$
0	0	0→1		
		1→0		
0	1	0→1		
		1→0		
1	0	0→1		
		1→0		
1	1	0→1		
		1→0		

按要求测试，并记录在表 2-7-3 中。

四、实验结果分析

(1) 分析各种触发器的逻辑功能并写出逻辑表达式。

（2）如何把 JK 触发器转换为 D 触发器？

学生________　　成绩________
日期________　　教师________

实验 2.8　计数、译码、显示电路及其应用

一、实验目的

（1）掌握中规模集成译码器的逻辑功能和使用方法。
（2）熟悉七段 LED 数码管与 BCD 译码器集成电路的连接。
（3）了解七段 LED 数码管与 BCD 译码器工作原理。

二、实验设备

电源板（+5 V）、电平输出实验板、译码器实验板、LED 七段码显示器。

三、实验内容与步骤

1. 74LS248 译码器逻辑调试

按表逐项测试 74LS248 的逻辑功能并记入表 2-8-1 中。

2. 连接 LED 七段码显示器，显示 74LS248 的逻辑功能，并与测试结果对照。

表 2-8-1　真值表

输入端			BI / RBO	输出端							数码管显示
LT	RBI	*DCBA*									
1	1	0000	1	*a*	*b*	*c*	*d*	*e*	*f*	*g*	
1	×	0001	1								
1	×	0010	1								
1	×	0011	1								

续表

输入端			BI/RBO	输出端							数码管显示
LT	RBI	*DCBA*		*a*	*b*	*c*	*d*	*e*	*f*	*g*	
1	×	0100	1								
1	×	0101	1								
1	×	0110	1								
1	×	0111	1								
1	×	1000	1								
1	×	1001	1								
1	×	1010	1								
1	×	1011	1								
1	×	1100	1								
1	×	1101	1								
1	×	1110	1								
1	×	1111	1								
×	×	××××	0								
0	0	0000	0								
×	×	××××	1								

四、实验结果分析

(1) 写出图 2-8-1 中 LED 七段码数码管显示器笔画对应的字母。

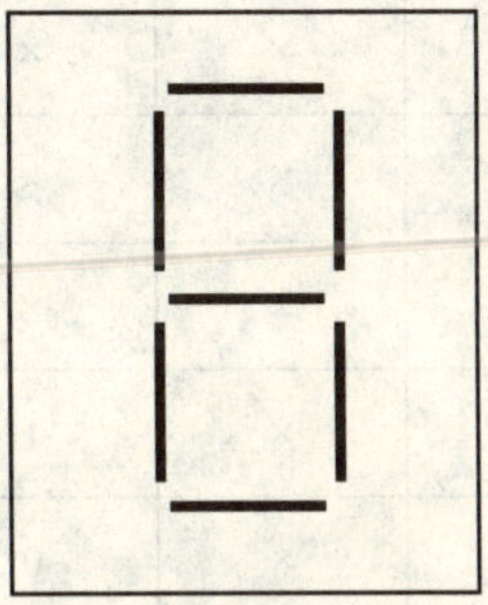

图 2-8-1　七段数码管

(2) 写出 LT、BI 端子的作用。

学生________　　成绩________

日期________　　教师________

实验 2.9　移位寄存器

一、实验目的

(1) 了解集成电路移位寄存器的逻辑功能。

(2) 掌握集成电路移位寄存器的使用方法。

二、实验仪器与设备

电源板(+5 V及单次脉冲)、电平输出实验板、双向移位寄存器实验板。

三、实验内容与步骤

1. 测试双向移位寄存器集成电路 74LS194 的逻辑功能

用双向移位寄存器实验板，按表逐项测试，并将测试结果记入表 2-9-1 真值表的空白处。

表 2-9-1　真值表

清 除	模 式		时 钟	串 行		输 入	输 出	功能总结
$\overline{R}_D$	$S1$	$S0$	CP	D_{SL}	D_{SR}	$A\ B\ C\ D$	$Q_a\ Q_b\ Q_c\ Q_d$	
0	×	×	×	×	×	××××		
1	×	×	0	×	×	××××		
1	1	1	↑	×	×	$a\ b\ c\ d$		
1	0	1	↑	×	1	××××		
1	0	1	↑	×	0	××××		
1	1	0	↑	1	×	××××		
1	1	0	↑	0	×	××××		
1	0	0	×	×	×	××××		

(1) 清除：令$\overline{R}_D=0$(低有效)，其他功能端均为任意态(×)，此时该移位寄存器输出端Q_a，Q_b，Q_c，Q_d应均为“0”，清除后，置$\overline{R}_D=1$。

(2) 送数：令$\overline{R}_D=S1=S0=1$，任意 4 位二进制数如 $A\ B\ C\ D=abcd$，在时钟端加 CP 脉

冲，观测 CP=0，CP 由 0→1 和 CP 由 1→0 时，寄存器输出状态的变化。注意观测输出状态的变化发生在 CP 脉冲的上升还是下降沿。

(3) 右移：清零后，令 $\overline{R}_D=1, S1=0, S0=1$，由右移输入端 D_{SR} 送入二进制码如 0100，由 CP 端连续加 4 个脉冲，观察输出情况，并记录之。

(4) 左移：清除后，再令 $\overline{R}_D=1, S1=1, S0=0$，由左移输入端 D_{SL} 送入二进制数码如 1111，由 CP 端连续加 4 个脉冲，观察输出情况，并记录之。

(5) 保持：清除后，寄存器预置任意 4 位二进制数码如 a,b,c,d，令 $\overline{R}_D=1, S1=S0=0$，加 CP 脉冲，观察寄存器输出状态，并记录之。

2. 循环移位实验

按图 2-9-1 所示，连接成一个循环右移实验电路。用并行送数法预置寄存器为某二进制数码如 0100，然后进行右移(*D*)循环，观察寄存器输出状态的变化，并记入表 2-9-2 中。

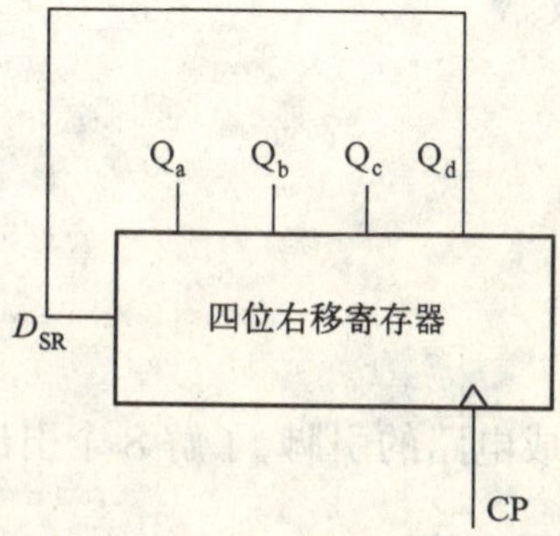

图 2-9-1　右移寄存器

表 2-9-2　状态表

CP	Q_a	Q_b	Q_c	Q_d
0				
1				
2				
3				
4				

四、实验结果分析

根据实验结果说明 $\overline{R}_D$、$S1$、$S0$、CP、D_{SL}、D_{SR} 的作用。

学生________　　成绩________

日期________　　教师________

实验 2.10　555 时基电路及其原理

一、实验目的

(1) 了解 555 时基集成电路作用及其特点。

(2) 掌握 555 时基集成电路的基本应用。

二、实验仪器与设备

电源板(+5 V,单次脉冲与连续脉冲)、双踪示波器、信号发生器、实验板、与或非、与或电平输出实验板、电子学综合实验板。

三、实验内容与步骤

1. 555 时基电路引脚功能

对照实验板了解 555 时基集成电路的引脚,了解 8 个引出脚功能。

2. 555 时基集成电路典型应用电路

(1) 单稳态触发器电路,见图 2-10-1,按图 2-10-1 所示连接电路。

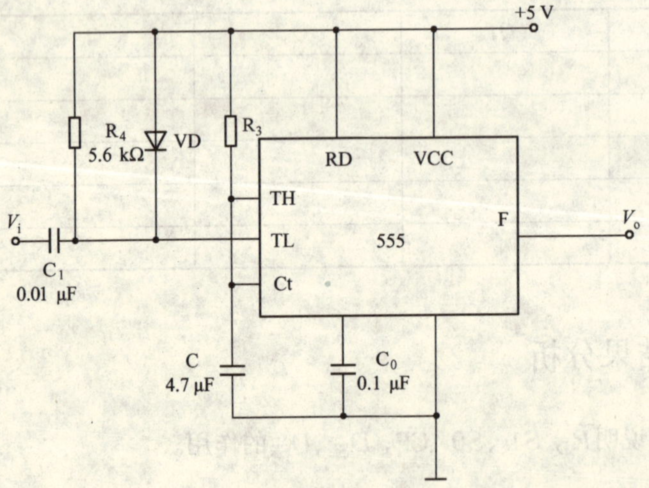

图 2-10-1　单稳态电路

V_o 接 LED 电平指示器,V_i 由单次脉冲源提供触发脉冲,用双踪示波器仔细观察 V_i,V_o 波形,特别注意当 V_i 脉冲下降沿时,此单稳态触发器被触发。此时 V_o 由低电平上跳为高电平，这时可用秒表计单稳态电路的定时时间（以 V_o 上跳为高电平到下跳为低电平这段时间）并测定幅度，自行设计表格并记录之。

将 R 改为 1 kΩ，C 改为 0.1 μF，V_i 加 1 kHz 的连续脉冲，观察 V_i、V_o 及 V_c，测定幅度及延时时间，自行设计表格并记录之。

（2）多谐振荡器，如图 2-10-2 所示，按图 2-10-2 所示连接电路。

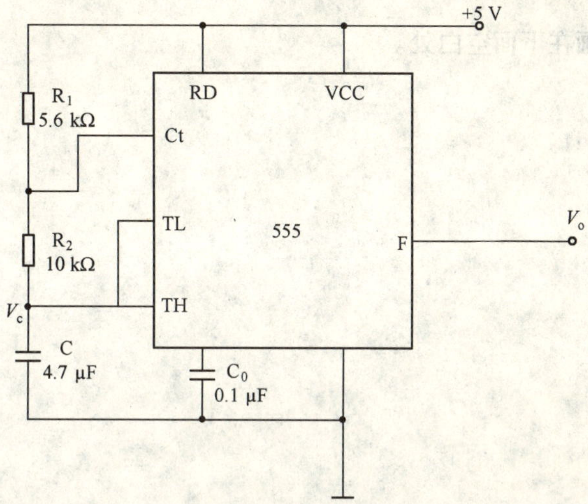

图 2-10-2　多谐振荡器

用双踪示波器观测 V_c 及 V_o 的波形，用示波器及频率计测定频率并记录。画出 V_c 与 V_o 的波形。

（3）施密特触发器，如图 2-10-3 所示，按图 2-10-3 所示连接电路。

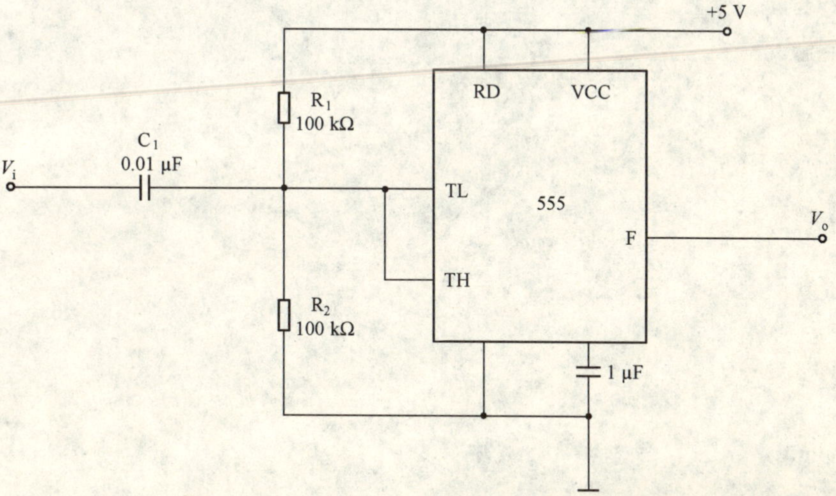

图 2-10-3　施密特触发器

V_i 由音频信号源提供，$f=1$ kHz，正弦波信号接通电源后，用双踪示波器观测 V_i、V_o 波形，逐渐加大输入信号 V_i 的幅度，继续用示波器观测 $V_i(t)$、$V_o(t)$ 波形，记录下来。

根据记录计算误差电压 ΔV 的值。

绘出电压传输特性曲线（即 $V_o=f(V_i)$ 函数关系曲线）。

四、实验结果分析

把上面实验波形画在下面空白处。

学生________ 成绩________

日期________ 教师________

第3章 电工实训

实训 3.1 电工实训预备知识

3.1.1 常用仪表的使用

一、万用表

万用表根据结构分类,有模拟万用表和数字万用表之分。

万用表具有用途多,量程宽,使用方便等优点,是电工电子测量中最常用的工具,掌握万用表的使用方法是电工电子技术的一项基本技能。万用表是可以测量电流、电压、电阻、晶体管参数、电容、电感的一种多功能电工仪表。

1. 模拟万用表

1) 模拟万用表的结构

模拟万用表由表头、测量线路、量程及功能开关等部件构成。

2) 欧姆挡的使用

(1) 选择合适的量程。用欧姆表测量电阻时,应选择适当的量程,使指针指示在中间值附近。最好不使用刻度左边三分之一的部分,这部分刻度密集,读数误差大。

(2) 使用前要调零。

(3) 不能带电测量。

(4) 被测电阻不能有并联支路。

(5) 测量晶体管、电解电容等有极性元件的等效电阻时,必须注意两支笔的极性。

(6) 用万用表不同倍率的欧姆挡测量非线性元件的等效电阻时,测出电阻值是不相同的。这是由于各挡位的中值电阻和满度电流各不相同所造成的,机械表中,一般倍率越小,测出的阻值越小。

3) 万用表测直流电流

(1) 选择合适的量程挡位。

(2) 使用万用表电流挡测量电流时,应将万用表串联在被测电路中,因为只有串联才能使流过万用表的电流与被测支路电流相同。测量时,应断开被测支路,将万用表红、黑表笔串接在被断开的两点之间。特别应注意电流表不能并联接在被测电路中,这样做是很危险的,极易使万用表烧毁。

(3) 注意被测电量极性。

(4) 正确使用刻度盘读数。

(5) 当选取用直流电流的2.5 A挡时,万用表红表笔应插在2.5 A测量插孔内,量程开关可以置于直流电流挡的任意量程上。

4) 万用表测直流电压

(1) 选择合适的量程挡位。

(2) 使用万用表电压挡测量电压时,应将万用表并联在被测电路中,因为只有并联才能使加在万用表上的电压与被测电路电压相同。

(3) 注意被测电压极性。

(4) 正确使用刻度盘读数。

5) 万用表测交流电压

万用表测量交流电压时,注意测量电压不超过量程。

6) 注意事项

(1) 在使用万用表之前,应先进行“机械调零”,即在没有被测电量时,使万用表指针指在零的位置上。

(2) 在使用万用表过程中,不能用手去接触表笔的金属部分,这样一方面可以保证测量的准确,另一方面也可以保证人身安全。

(3) 在测量某一电量时,不能在测量的同时换挡,尤其是在测量高电压或大电流时,更应注意。否则,会使万用表毁坏。如需换挡,应先断开表笔,换挡后再去测量。

(4) 万用表在使用时,必须水平放置,以免造成误差。同时, 还要注意到避免外界磁场对万用表的影响。

(5) 万用表使用完毕,应将转换开关置于交流电压的最大挡。如果长期不使用,还应将万用表内部的电池取出来,以免电池腐蚀表内其他器件。

2. 数字万用表

数字万用表由于具有准确度高、测量范围宽、测量速度快、体积小、抗干扰能力强、使用方便等特点得到广泛应用。

现在的数字万用表除了具有测量交、直流电压,交、直流电流,电阻等五种功能外,还有数字计算,自检,读数保持,误差读出,二极管检测。

1) 欧姆挡的使用

(1) 不能带电测量。

(2) 选择合适的量程。在欧姆表测量电阻时,应选择适当的量程。

(3) 当被测电阻阻值大于量程时,读数溢出为1,此时应选择大量程电阻挡测量。

(4) 被测电阻不能有并联支路。

2) 二极管的测量

用红黑表笔分别连接二极管的阴、阳极,应有读数显示,反接则溢出。

3) 数字万用表测直流电流

(1) 选择合适的量程挡位。

(2) 使用万用表电流挡测量电流时，应将万用表串联在被测电路中，将万用表红、黑表笔串接在被断开的两点之间，如果量程合适，电流从红表笔流入万用表，黑表笔流出，则在液晶屏上显示正数值，反之，显示负数值。

(3) 测量时要防止冲击电流过大。

4) 数字万用表测直流电压

(1) 选择合适的量程挡位。

(2) 使用万用表电压挡测量电压时，应将万用表并联在被测电路中，如果量程合适，红表笔接的点电位高，黑表笔接的点电位低，则在液晶屏上显示正数值，反之，显示负数值。

5) 注意事项

(1) 用数字万用表测量某一电量时，与模拟万用表类似，不能在测量的同时换挡，如需换挡，应先断开表笔，换挡后再去测量。

(2) 数字万用表有很多量程，但其基本量程准确度最高。很多数字万用表有自动量程换挡功能，不用手动调节量程，使得测量方便、安全、迅速。很多数字万用表有过量程能力，但在测量中仍应使量程大于被测量值，防止损坏数字万用表。

(3) 数字万用表响应时间越短越好，但有一些表的响应时间比较长，要等一段时间后读数才能稳定下来。

6) 万用表选用

相对来说大电流、高电压的模拟电路测量中适用指针表，比如电视机、音响功放。在低电压、小电流的数字电路测量中适用数字表，比如 BP 机、手机等。但不是绝对的，可根据情况选用指针表和数字表。

二、兆欧表

绝缘电阻是反映绝缘材料绝缘情况的一个重要指标，通常用兆欧表来测量。由于它使用方便，所以在安装、检修和测试工作中，得到了广泛的应用。

为了测试各种电压等级电气设备的绝缘电阻，制成了 500 V、1 000 V、2 500 V、5 000 V 等各种电压规格的兆欧表，对于 500 V 及以下的电气设备，常用 500 V 或 1 000 V 的兆欧表来测量，电压过高，可能使低压绝缘击穿。

绝缘电阻常用兆欧(MΩ)作计量单位($1\ M\Omega = 10^6\ \Omega$)，故将测量绝缘电阻用的仪表称为兆欧表。

1. 兆欧表使用的注意事项

(1) 兆欧表的接线应用绝缘良好的单根线，并尽可能短些。

(2) 摇测过程中不得用手触及被测设备，还要防止外人触及。

(3) 禁止在雷电时或有其他可能产生感应电压时摇测绝缘。

(4) 在测电容器、电缆等大电容设备时，读数后一定要先断开接线后，否则电容电流将通过表的线圈放电而烧损表。

2. 兆欧表的使用方法

1）测量前的检查

(1) 要检查被检测设备的电源确已断开,被测设备确已放电,已无残余电荷。

(2) 将接线端钮“线(L)”和“地(E)”开路,摇动至规定转速,此时指针应指在∞处;再将两端钮短接,轻摇手柄,指针应指在“0”处。这说明兆欧表良好。

2）接线方法

将被测设备接在兆欧表端钮“线”和“地”间即可。端钮“屏”主要用以去除表面泄漏影响,例如测瓷绝缘子的绝缘,如表面受潮受污便有泄漏电流流过表面,对真实反映本体的绝缘电阻有影响,此时可在瓷瓶表面用裸线绕一短路匝,并将它接向“屏”,此时泄漏电流不通过兆欧表线圈,即可去除其影响。

3）摇测

以均匀速度摇动手柄,使转速尽量接近 120 r/min,由于被测设备有电容等充电现象,因此要摇测 1 min 后再读数。如果摇动手柄后指针即甩到零值,则表示绝缘已损坏,不能再继续摇,否则将使表内线圈烧坏。

三、电烙铁

电烙铁是手工焊接的主要工具,选择合适的电烙铁并合理使用,是保证焊接质量的重要基础。

1. 电烙铁的分类

电烙铁分为内热式和外热式两种,它们的工作原理都是当烙铁通电后,电流经过电阻丝后发热使烙铁头升温,当达到工作温度后,即可以进行焊接。

外热式电烙铁,由于绝缘电阻低、升温慢、效率差,制成大功率电烙铁,主要用于导线、接地线的焊接。内热式电烙铁升温快、效率高、体积小,操作方便,制成小功率的电烙铁,主要用于晶体管等小型电子器件和印刷线路板的焊接。

此外,还有专供修理家电印刷电路板中拆换元器件时使用的吸锡电烙铁和可以在一定范围内自动控制温度的温控电烙铁。

2. 使用注意事项

(1) 选择和使用电烙铁主要要考虑烙铁的大小和烙铁头的温度。新烙铁使用前应将烙铁进行表面处理:即将烙铁用锉刀或砂纸把烙铁头部刮净,加热后在松香上搪锡,这样处理后烙铁头易蘸锡,使用方便。烙铁头要经常保持清洁,以免出现蘸不上锡的现象。

(2) 使用烙铁前应先用万用表测量烙铁插头是否短路或开路,以保证电烙铁可以正常使用。接着用万用表测量插头与烙铁头之间是否绝缘,避免触电。

(3) 电烙铁使用过程中应避免剧烈震动,否则容易损坏烙铁芯。

正确合理使用电烙铁,不但可以提高焊点质量和外观,还可以延长电烙铁的寿命。

四、钳形电流表

钳形电流表实质上是由一只电流互感器和带有整流装置的磁电系直流电流表组成。测量时,将钳口张开,将被测载流导线夹于钳口中,相当于互感器的原绕组,而铁心上的绕组为互感器的副绕组。导线中的交流电流产生交变磁场,在互感器副绕组产生感应电流。副绕组于测量机构相连,所以感应电流就流经装有整流装置的磁电系直流电流表,使指针发生偏转,根据原、副绕组间的变流比,便指出被测电流大小。

五、瓦特表

测量功率的仪表称为瓦特表。

1. 直流电功率的测量

可以单独测量电压和电流数值,然后通过计算得出功率。也可以用功率表直接测量。接线时,应注意电流必须同时从电流线圈和电压线圈带“∗”号端流入,如图 3-1-1 所示。

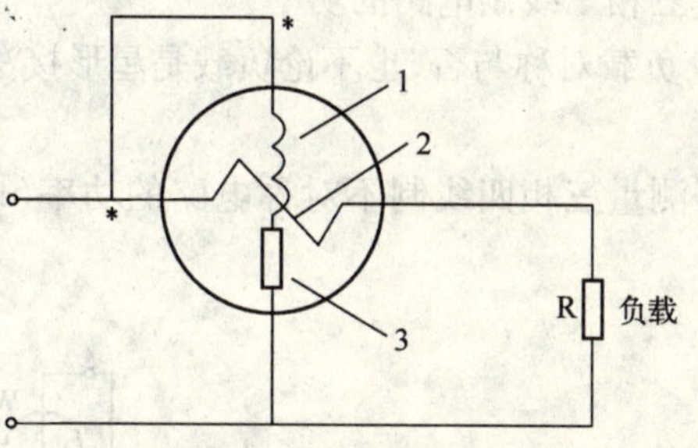

图 3-1-1　直流功率测量

2. 交流功率的测量

交流电路功率测量接线方法如图 3-1-2 所示。但必须将电流线圈的“∗”号端接电源的一端,另一端接负载端。而电压线圈需并联接入,带“∗”号端可以接电流线圈的任一端,而另一端则需接到负载的另一端。图(a)称前接法,适用于负载电阻远大于功率表电流线圈电阻的情况;而图(b)称后接法,适用于负载电阻远小于功率表电流线圈电阻的情况。

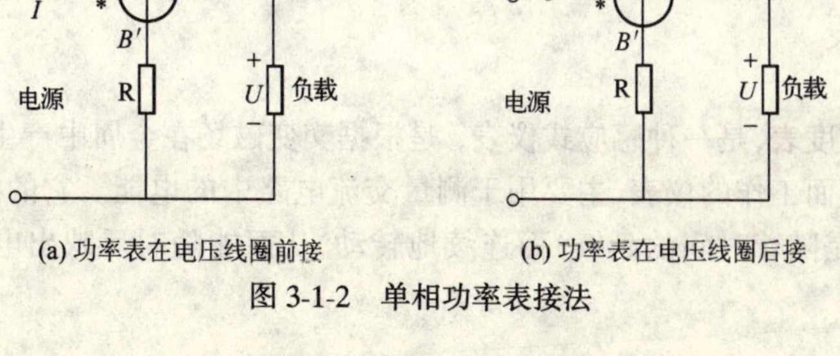

图 3-1-2　单相功率表接法

3. 三相有功功率的测量

(1) 用一只单相功率表测量三相对称负载功率

在三相对称负载中,因为每相负载相等,故可用一只功率表测量任一相功率,将测量结果乘以 3 即可,如图 3-1-3 所示。

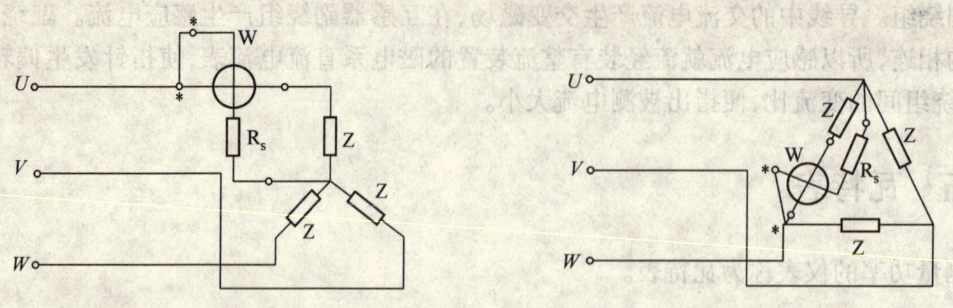

(a) 负载Y接法　　(b) 负载△接法

图 3-1-3　用一只功率表测量三相功率

(2) 用两只功率表测量三相三线制电路的功率

三相三线制电路中不论负载对称与否,也不论负载是星形接法还是三角形接法,此法都适用,如图 3-1-3 所示。

(3) 用三只单相功率表测量三相四线制不对称电路的功率(也可测三相四线制对称电路功率),如图 3-1-4 所示。

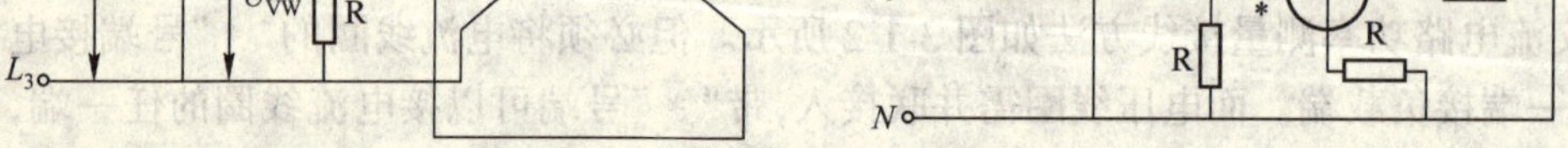

(a) 两表法测量三相功率　　(b) 三表法测量三相功率

图 3-1-4　三相功率测量

六、电能表

电能表又叫电度表,是一种感应式仪表,是根据交变磁场在金属中产生感应电流,从而产生转矩的基本原理而工作的仪表,主要用于测量交流电路中的电能。它的指示器能随着电能的不断增大(也就是随着时间的延续)而连续地转动,从而能随时反映出电能积累的总数值。

因此,它的指示器是一个“积算机构”,是将转动部分通过齿轮传动机构折换为被测电能的数值,由数字及刻度直接指示出来。

3.1.2 常用工具的使用

一、低压验电笔

低压验电笔有旋具式和钢笔式两种。主要结构包括:笔尖的金属体、电阻、氖管、笔身、弹簧、金属笔挂等。常用的低压测电笔的电压测试范围为 60～500 V。

使用验电笔时,手指必须接触金属笔挂或顶部金属螺钉,并且应将氖管窗口背光面向操作者,这样当笔尖金属体接触被测导体或电器时,若带电,则电流从带电体经电笔和人体与大地构成回路。只要带电体与大地之间的电位差超过 60V,氖管就会起辉发光。

低压验电笔也可以用来区分相线和零线,氖管发光的是相线,不发光的是零线。还可以区分交流电和直流电,交流电通过验电笔时,氖管两极都发光,而直流电流通过验电笔时,氖管仅一个电极发亮。另外,还可根据氖管的亮暗来区分电压的高低。若氖管较亮,则电压高;若氖管两极暗红,则电压低。

二、钢丝钳

钢丝钳是电工最常用的一种工具。常用规格有 175 mm 和 200 mm 两种,钳柄部分加有耐压 500 V 的绝缘套管。钢丝钳的功能较多,钳口用来弯绞或钳夹线头,齿口用来紧固和旋松小型螺母,刀口用来剪切导线绝缘层,铡口可用于铡断钢丝等导线。

钢丝钳使用前应检查绝缘套是否完好,绝缘套破损的钢丝钳不能使用。用以切断导线时,不能将相线和中线或不同相的相线同时在一个钳口处切断,以免发生事故。

三、尖嘴钳

外型与钢丝钳相近,但头部尖细,它适用于狭小的工作空间,功能也与钢丝钳相似,主要用于切断小线径导线,夹持小螺母、垫圈和线鼻子。规格由 160 mm、180 mm 等多种,钳柄上有耐压为 500 V 的绝缘套管。

四、断线钳(又名斜口钳)

断线钳钳柄的绝缘套管耐压为 1 000 V,用于剪断较粗的导线和其他金属线,还可以直接剪断低压带电导线。

五、剥线钳

剥线钳是用于剥削小线径导线绝缘层的专用工具，由钳头和手柄两部分组成。钳头由压线口和切口组成。分有直径为 0.5～3 mm 的多个切口，以适应不同规格的芯线的剥削。使用时切口大小应略大于导线芯线直径，否则会损伤芯线。

六、电工刀

电工刀是一种切削工具，主要用于剥削导线绝缘层等。有的多用电工刀还带有手锯和尖锥，用于电工材料的切割和扎孔。使用时应刀口朝外，以免伤手。用完之后应随即把刀身折入刀柄。电工刀刀柄不带绝缘装置，所以不能带电操作。

七、旋具

旋具俗称起子、改锥，用于紧固或旋松螺钉的常用工具。根据头部形状有一字形和十字形两种。

一字形旋具用来紧固或旋松一字槽的螺钉。它的规格以柄部以外的刀体长度表示，有 50 mm、100 mm、150 mm 和 200 mm 等几种。

十字形旋具专供紧固或旋松十字槽螺钉。它的规格以柄部以外的刀体长度表示，与一字形相同。按其头部规格不同分为 4 种，Ⅰ号适用螺钉直径为 2～2.5 mm，Ⅱ号为 3～5 mm，Ⅲ号为 6～8 mm，Ⅳ号为 10～12 mm。

使用时应该按照螺钉的规格选择合适的旋具。不可以使用金属杆直通柄根的旋具，应在金属杆上套绝缘管。

实训 3.2 照明电路

一、要求与目的

1. 实训要求

要求在 630×700 的网板上安装如图 3-2-1 的照明电路。

2. 实训目的

(1) 掌握照明电路的安装，了解日光灯工作原理。

(2) 学习测量电路的绝缘电阻。

(3) 了解导线颜色选择的依据。

二、原理图

日光灯照明原理电路如图 3-21 所示。

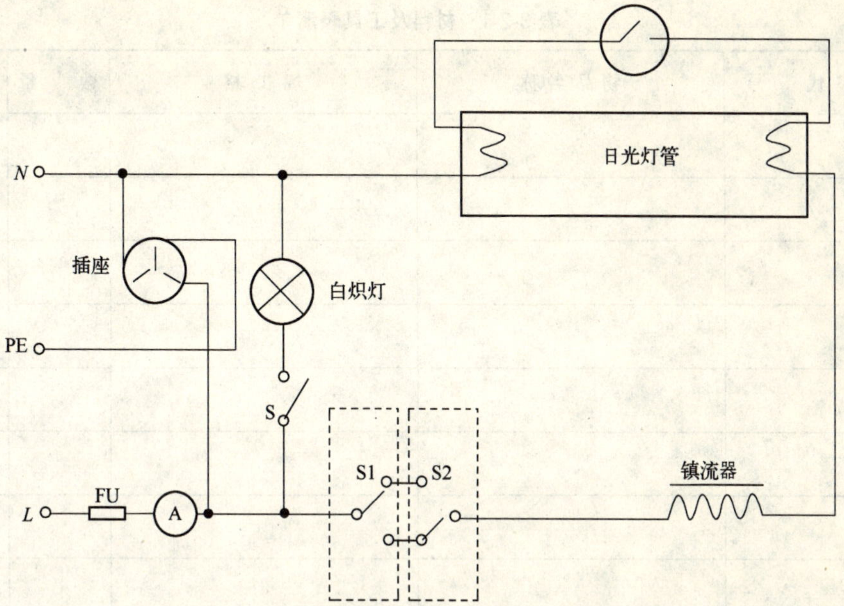

图 3-2-1　日光灯电路

三、电器布置图

金属网板上电器布置图，如图 3-2-2 所示。

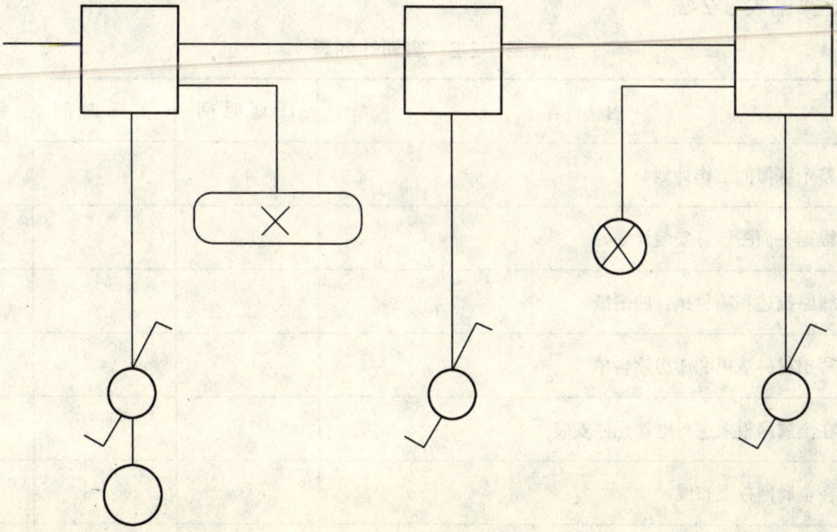

图 3-2-2　电器布置图

四、材料及工具清单

材料及工具清单见表 3-2-1。

表 3-2-1　材料及工具表清单

序　号	代　号	物品名称	规　格	数　量	备注(产地)
1					
2					
3					
4					
5					
6					
7					
8					
9					

五、实训步骤

实训步骤见表 3-2-2。

表 3-2-2　实训计划表

步　骤	内　容	计划时间	实际时间	完成情况
1	整个练习的工作计划			
2	根据平面图制订安装计划			
3	线路描述和项目执行的图纸			
4	写出材料清单和库房领料单			
5	在金属网板上进行电器元件安装			
6	在金属网板上布线			
7	分线盒布线			

续表

步　骤	内　容	计划时间	实际时间	完成情况
8	连接各电气元件如开关、照明灯等			
9	按质量检查要点检查设备			
10	项目/练习设备装置的测量报告			
11	对提出的问题予以解答			
12	整个装置的功能测试			
13	排除故障			
14	任务/练习成绩的评估			

六、调试过程

1. 测量绝缘电阻

测量绝缘电阻,记录在表 3-2-3 中。

表 3-2-3　绝缘电阻测量表

测量绝缘电阻	接地安全引线与相线	接地安全引线与中性线	相线与中性线
测量值/MΩ			

2. 试验过程

试验过程,记录在表 3-2-4 中。

表 3-2-4　过程记录表

观察现象	白炽灯	日光灯	插　座
通电			
合上 S1			
灯亮后取下启辉器			
合上 S2			
合上 S			

七、评分表

评分见表 3-2-5。

表 3-2-5　评分表

<table>
<tr><td>评分表
______学年</td><td colspan="2">工作形式
□个人□小组分工□小组</td><td colspan="2">他人评分
□是　□不是</td><td>实际加工时间</td></tr>
<tr><td>评 分 内 容</td><td colspan="2">评 分 标 准</td><td>学生评分</td><td>教师评分</td><td>得分</td></tr>
<tr><td>制订工作计划 5 分</td><td colspan="2">是否合理</td><td></td><td></td><td></td></tr>
<tr><td>电路安装质量 40 分</td><td colspan="2">(1) 电路安装错误造成短路、断路故障，每通电 1 次扣 20 分
(2) 灯座、开关、插座和接线盒松动或歪斜，每处扣 10 分
(3) 电器元器件损坏，扣 20 分
(4) 火线未进开关，扣 15 分</td><td></td><td></td><td></td></tr>
<tr><td>布线安装质量 40 分</td><td colspan="2">(1) 导线颜色选择，选错扣 5 分
(2) 护套线不平直，每根扣 5 分
(3) 导线剖剥损伤，每处扣 5 分
(4) 导线连接不牢，每次扣 5 分
(5) 护套线转角不符合要求或弧度不平滑，每处扣 5 分</td><td></td><td></td><td></td></tr>
<tr><td>测试功能 15 分</td><td colspan="2">(1) 元件的接收检查
(2) 测试
(3) 设备的功能</td><td></td><td></td><td></td></tr>
<tr><td>安全文明生产</td><td colspan="2">违反有关规定的酌情扣分</td><td></td><td></td><td></td></tr>
<tr><td>考核时间 360 分钟</td><td colspan="2">每超过 10 分钟扣 5 分</td><td></td><td></td><td></td></tr>
<tr><td>总分</td><td></td><td colspan="4">学生签名：________
教师签名：________
日期：________</td></tr>
</table>

八、思考题

(1) 照明电路由哪些部件组成？各部件的作用是什么？

(2) 试说明镇流器的工作原理。

(3) 日光灯通电不亮,可能是哪些原因造成的?如何检查修理?

(4) 请说明给出导线的颜色。

实训 3.3 电动机的拆装及定子绕组首尾端的判断

一、要求与目的

(1) 实训要求:拆装电动机。
(2) 实训目的:了解电动机的构造,掌握用万用表判断绕组首尾端。

二、实训内容

1. 电动机的拆卸

异步电动机拆卸前应做好拆卸前检查和记录工作。熟悉被拆电动机类型及结构特点,并标好线头相序、端盖、轴承盖等处记号,以便拆卸后的装配。

其结构如图 3-3-1 所示：

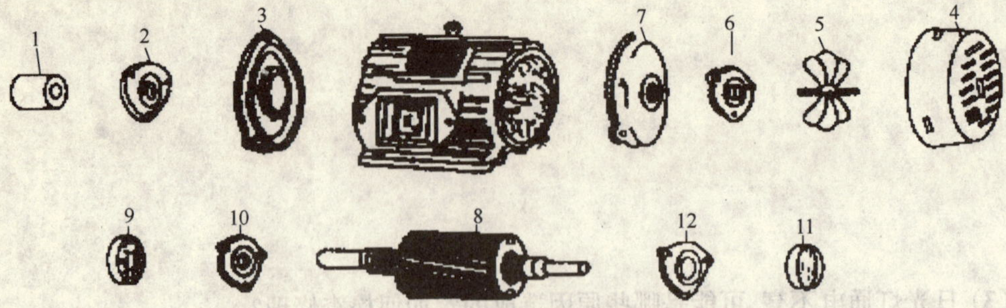

图 3-3-1　小型电动机结构图

1—皮带轮或联轴器　2—前轴承外盖　3—前端盖　4—风叶罩　5—风叶　6—后轴承外盖

7—后端盖　8—转子　9—前轴承　10—前轴承内盖　11—后轴承　12—下后轴承内盖

拆卸步骤如下。

(1) 联轴器或皮带轮的拆卸：先旋松取下皮带轮或联轴器上的定位螺钉或销子，然后在皮带轮轴伸端作好尺寸标记。装拉具时拉机丝扣尖端要对准电动轴的中心，转动丝扣将皮带轮或联轴器慢慢拉出。如拉不出来，可用喷灯等急火在皮带轮或联轴器四周加热，使其受热膨胀，然后加力旋转拉具丝扣，即可将皮带轮或联轴器卸下。注意加热时温度不宜太高，以免转轴变形。

(2) 风罩和风扇叶的拆卸：将风罩螺钉卸下，即可取下风罩。然后松开风叶上的定位螺钉或销子，用手锤在风叶四周均匀轻敲，风叶即可取下。

(3) 轴承盖和端盖的拆卸：先用活络扳手将固定轴承盖的螺钉旋下，拆下轴承外盖。为了防上装配时前后轴承盖对调，拆卸前应做好记号。

为了便于装配时复位，端盖拆卸前先用起子等工具在端盖与机座的结合部位任一位置划上对正标记号。然后用活络扳手旋下固定端盖的螺钉，用手锤均匀敲打端盖四周，把端盖取下。也可以取一把大小适宜的旋具，插入端盖的螺钉根部，将端盖按对角线一先一后地向外撬动，直到端盖卸下为止。后端盖的拆卸与前端盖拆卸方法相同。

对于小型电动机，可先把轴伸端的轴承外盖卸下，再松开后端盖的紧固螺钉，然后用木锤敲打轴伸端，就可以把转子和后端盖一起取下。

(4) 轴承的拆卸：应根据轴承的大小，选用适当的拉具，拉具的拉爪应抓扣在轴承的内圈上。操作时旋转丝扣用力要均匀，且动作要慢。

小型电动机适合用人力拆卸轴承。在轴承内圈下面用两根相同的方钢夹住，两头搁在支撑物上，转子放在一只内径略大于转子外径的圆桶上面，桶下面放些塑料泡沫，以防转子掉下摔坏。在轴的端面上垫上木块，用手锤敲打，着力点对准轴的中心。当轴承松动时，敲打的力要小些。

拆卸电动机端盖内的轴承，把端盖止口面向上，平稳地搁在两块铁板上，或一个孔径略大于轴承外径的铁板上，上面用一段直径略小于轴承外圈的金属棒对准轴承，用手锤轻轻敲打金属棒，将轴承敲出。

(5) 抽出转子：对于小型电动机的转子可以连同后端盖一起取出，抽出转子时，应缓慢小心，且不能歪斜，以防止碰伤定子绕组。对于中大型电动机，转子较重，要用起重设备将转子吊出。用钢丝绳套住转子两端轴颈，为防止轴颈损伤，在钢丝绳和轴颈间垫一层纸板或棉纱头等防护层当转子重心已经移出定子时，在定子与转子间隙塞入纸板垫衬，并在转子移出的轴端垫以支架或木块，搁住转子，然后把钢丝绳改吊住转子直到转子全部吊出定子。

2. 用万用表判断绕组首尾端

将万用表的挡位放到电阻挡，用万用表测量任意两出线端间的电阻，如果有读数，则这两出线端是属于同一相绕组，否则不属于同一相绕组。

判断出每相绕组的两个出线端后，任意假定某一相绕组的首、末端，以此为标准判断其他两相绕组的首、末端。将假定首、末端的相绕组通过开关与电池相接，并让假定的首端与电池的正极相接。再将另一个相绕组与万用表串联，并将万用表的挡位放在直流电流毫安挡。在合上开关的瞬间，万用表指针向右方偏转，则说明与万用表负极所接的出线端为那相绕组的首端，如果在合上开关的瞬间，万用表指针向左方偏转，则说明与万用表负极所接的出线端是末端。

三、材料清单

材料清单见表 3-3-1。

表 3-3-1　材料清单

序　号	代　号	物品名称	规　格	数　量	备　注
1					
2					
3					
4					
5					
6					
7					
8					
9					
10					
11					
12					

四、实训步骤

实训步骤见表 3-3-2。

表 3-3-2　实训计划表

步　骤	内　容	计划时间	实际时间	完成情况
1				
2				
3				
4				
5				
6				
7				
8				

五、写出安装试动及电动机首尾判断的步骤

六、评分表

评分见表 3-3-3。

表 3-3-3 评分表

<table>
<tr><td>评分表
______学年</td><td colspan="2">工作形式
□个人 □小组分工 □小组</td><td colspan="2">他人评分
□是 □不是</td><td>实际加工时间</td></tr>
<tr><td>评 分 内 容</td><td colspan="2">评 分 标 准</td><td>学生评分</td><td>教师评分</td><td>得分</td></tr>
<tr><td>制订工作计划 5 分</td><td colspan="2">是否合理</td><td></td><td></td><td></td></tr>
<tr><td>拆卸质量 25 分</td><td colspan="2">(1) 拆卸方法、步骤不正确每次扣 10 分
(2) 损坏零部件每只扣 10 分
(3) 碰伤定子绕组，扣 20 分
(4) 拆卸标记不清楚，每处扣 5 分</td><td></td><td></td><td></td></tr>
<tr><td>装配质量 30 分</td><td colspan="2">(1) 装配方法、步骤有错，每次扣 10 分
(2) 损坏零部件每只扣 15 分
(3) 碰伤定子绕组，扣 20 分
(4) 轴承和轴承盖清洗不干净扣 10 分
(5) 装配后转动不灵活扣 20 分</td><td></td><td></td><td></td></tr>
<tr><td>绕组判断结果 40 分</td><td colspan="2">(1) 仪表使用方法不对每次扣 5～10 分
(2) 万用表判断方法不对扣 15 分
(3) 首尾判断错误扣 15 分
(4) 复验结果不对扣 10 分</td><td></td><td></td><td></td></tr>
<tr><td>安全文明生产</td><td colspan="2">违反有关规定的酌情扣分</td><td></td><td></td><td></td></tr>
<tr><td>考核时间 240 分钟</td><td colspan="2">每超过 10 分钟扣 5 分</td><td></td><td></td><td></td></tr>
<tr><td>总分</td><td></td><td colspan="4">学生签名：______________
教师签名：______________
日期：______________</td></tr>
</table>

七、思考题

（1）电动机主要由哪几部分构成？各部分作用是什么？

（2）简述电动机的拆装顺序和注意事项。

（3）电动机定子绕组首、末端如何判断？

实训 3.4　电动机正反转控制电路

一、要求与目的

1. 实训要求

要求在 630×700 的网板上安装如图 3-4-1 电路。

2. 实训目的

(1) 通过对三相鼠笼式异步电动机正反转控制线路的安装，学会把电气原理图连接成实际电路。

(2) 能区别接触器(单一)联锁和按钮、接触器(双重)联锁的不同接法，知道它们各自的功能。

(3) 掌握电气控制线路安装的方法和步骤。

二、原理图

电动机正反转控制原理电路，如图 3-4-1 和图 3-4-2 所示。

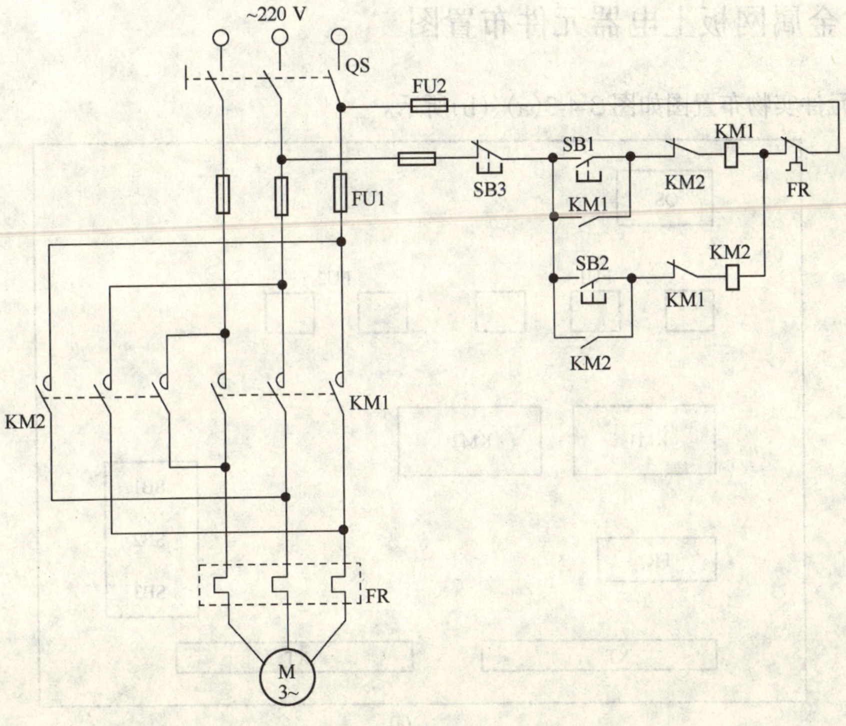

图 3-4-1　接触器(单一)联锁原理图

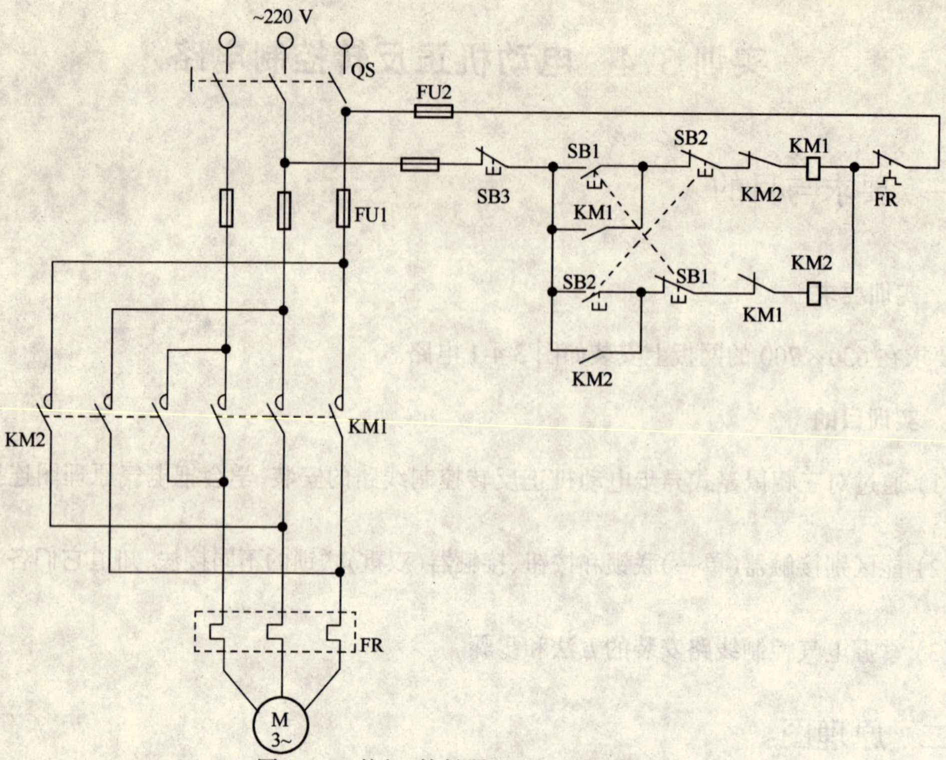

图 3-4-2　按钮、接触器(双重)联锁原理图

三、金属网板上电器元件布置图

电器元件实物布置图如图 3-4-3(a)、(b)所示。

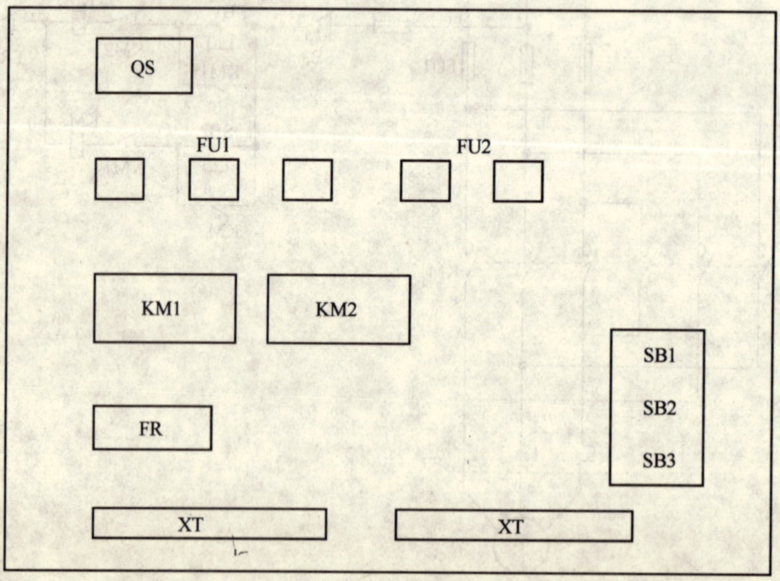

(a)

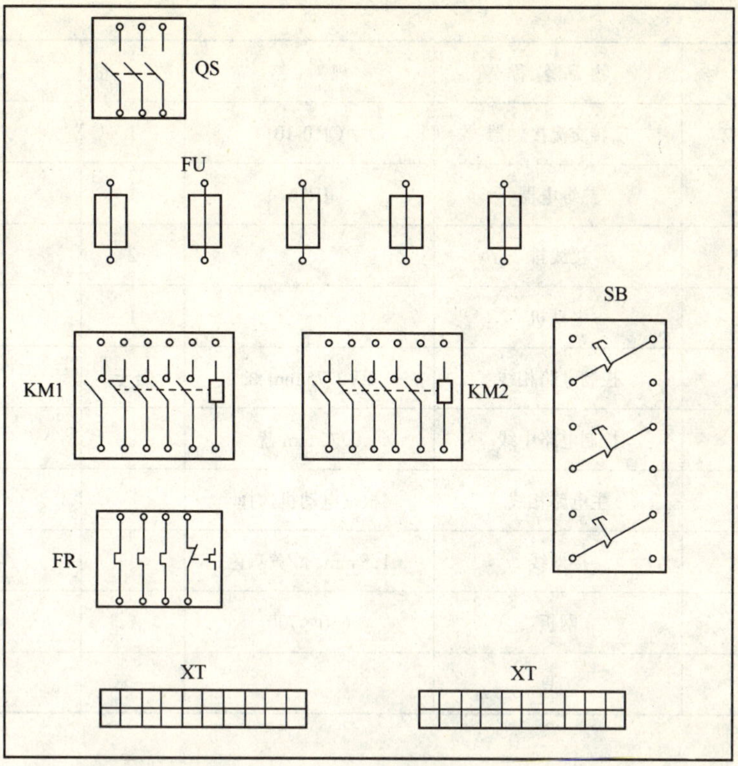

(b)

图 3-4-3　电器元件布置图

四、材料及工具清单

材料及工具清单见表 3-4-1。

表 3-4-1　材料及工具清单

序　号	代　号	物品名称	规　格	数　量	备注(产地)
1	QS	电源开关	HZ10-25/3 25 A	1	
2	FU1	熔断器(主)	RL1-15/15 20 A	3	
3	FU2	熔断器(辅)	RL1-15/15 5 A	2	
4	SB1	正转按钮	LA4-3H(黑)	1	
5	SB2	反转按钮	LA4-3H(绿)	1	
6	SB3	停止按钮	LA4-3H(红)	1	
7	KM1	正转交流接触器	CJ10-10	1	

续表

序　号	代　号	物品名称	规　格	数　量	备注(产地)
8	KM2	反转交流接触器	CJ10-10	1	
9	FR	热继电器	JR16	1	
10	XT	接线排		2	
11	M	电动机		1	
12	L	控制电路相线	BV0.75 mm 红	若干	
13	N	控制电路中线	0.75 mm 蓝		
14	L	主电路相线	根据电动机选择		
15	PE	接地线	1.5 mm 绿/黄双色		
16		网板	630×700	1	
17		工具		一套	

五、实训步骤

实训步骤见表 3-4-2。

表 3-4-2　实训计划表

步　骤	内　容	计划时间	实际时间	完成情况
1	整个练习的工作计划			
2	完整的控制回路和主电路电路图			
3	制订材料清单和库房材料清单			
4	画出网板练习的安装图			
5	在网板上安装电气元件			
6	主回路布线			
7	控制回路布线			
8	整个装置的检查测量报告			
9	整个装置功能调试			
10	排除故障			
11	接受成绩评估			

六、试车过程

试车过程分别见表 3-4-3 和表 3-4-4。

表 3-4-3 接触器联锁控制线路的观察结果

结果/观察项目/操作步骤	电动机转向	KM1 自锁触头	KM1 联锁触头	KM2 自锁触头	KM2 联锁触头
合上电源开关 QS,按下 SB1					
按下 SB2					
按下 SB3					
断开 QS,在 KM1 的自锁触头中插入一纸片,合上 QS 后,再按下 SB1					
断开 QS,抽出 KM1 中的纸片再合上 QS,并按下 SB2					
按下 SB1					
功能					

表 3-4-4 按钮、接触器联锁控制线路的观察结果

结果/观察项目/操作步骤	电动机转向	KM1 自锁触头	KM1 联锁触头	KM2 自锁触头	KM2 联锁触头	SB1 常开触头	SB1 常闭触头	SB2 常开触头	SB2 常闭触头
合上电源开关 QS,按下 SB1									
将 SB2 不按到底(即按下一半)									
将 SB2 按到底									
将 SB1 按下一半									
将 SB1 按到底									
按下 SB1									
按下 SB2									
同时按下 SB1、SB2									

七、评分表

评分见表3-4-5。

表3-4-5 评分表

评分表 ______学年	工作形式 □个人□小组分工□小组	他人评分 □是 □不是	实际加工时间

训练项目	训练内容	训练要求	配分	评分标准	学生评分	教师评分
主要项目	1. 制订工作计划	是否合理	5			
	2. 根据图纸和电动机的容量选择所用电器和导线	(1) 所选用电器元件的种类数量和规格符合图纸要求和满足电动机容量的要求 (2) 根据电动机的容量选择主电路的导线截面 (3) 正确选择导线规格颜色和按钮颜色	15	(1) 主电路熔断器、熔体每有一种选择不正确扣5分 (2) 接触器的数量、规格选择不正确扣6分 (3) 主电路所用导线截面选择不正确扣5分		
	3. 按图接线	(1) 接线应整齐、牢固,电器接触良好 (2) 电动机外壳接地正确	15	(1) 连接导线过长,走线杂乱每处扣1分 (2) 线端头松动或电器接触不良每出现一处扣5分		
	4. 运行操作	(1) 电动机的运转情况应符合控制要求 (2) 操作步骤正确 (3) 试运转时能处理异常情况 (4) 正确回答思考题	40	(1) 不能一次达到图纸要求扣10分,试车两次才达到控制要求扣15分,超过三次扣25分 (2) 操作步骤不正确扣15分 (3) 试车中不能处理异常情况扣15分,试车过程中出现短路故障扣50分,不能正确回答问题每题扣5分		
一般项目	1. 接线前的准备	(1) 按图纸在各电器元件和连接线端上编号 (2) 测量电动机的绝缘电阻	10	(1) 接线前不编号扣10分,编号不正确每处扣1分 (2) 不测量或不会测量扣8分		
	2. 运行前的准备	对电动机做运行前准备检查	5	运行前对电动机所做检查每漏一项扣1分		
安全文明生产	1. 安全生产	按国颁安全生产法规有关规定要求	5	(1) 违反1条扣1分,扣完5分为止 (2) 违反安全生产规程,出现责任事故取消训练资格		
	2. 文明生产	按学校有关规定要求	5	违反1条扣1分,扣完5分为止		

续表

<table>
<tr><td colspan="2">评分表
______学年</td><td colspan="2">工作形式
□个人□小组分工□小组</td><td colspan="2">他人评分
□是 □不是</td><td colspan="2">实际加工时间</td></tr>
<tr><td>训练项目</td><td>训练内容</td><td>训练要求</td><td>配分</td><td colspan="2">评分标准</td><td>学生评分</td><td>教师评分</td></tr>
<tr><td>其他</td><td></td><td></td><td></td><td colspan="2">损坏仪表或电器元件扣35分,损坏电动机,取消训练资格</td><td></td><td></td></tr>
<tr><td>训练体会</td><td colspan="2"></td><td>教师评语</td><td></td><td>总分</td><td></td><td></td></tr>
</table>

八、思考题

(1) 电动机正、反转控制线路中,为什么必须防止两个接触器同时工作？采用哪些措施可解决此问题,这些方法有何利弊？

(2) 控制线路中,短路、过载、失、欠压保护等功能是如何实现的？在实际运行过程中,这几种保护有何意义？

实训 3.5　双速电动机控制

一、要求与目的

1. 实训要求

要求在 630×700 的网板上安装如图 3-5-1 电路。

2. 实训目的

(1) 掌握双速三相异步电动机变速控制线路的安装调试。
(2) 学会安装电气线路的方法和步骤。
(3) 掌握电器元件选用方法和原则。

二、原理图

双速电动机主电路与控制电路如图 3-5-1(a)、(b)所示。

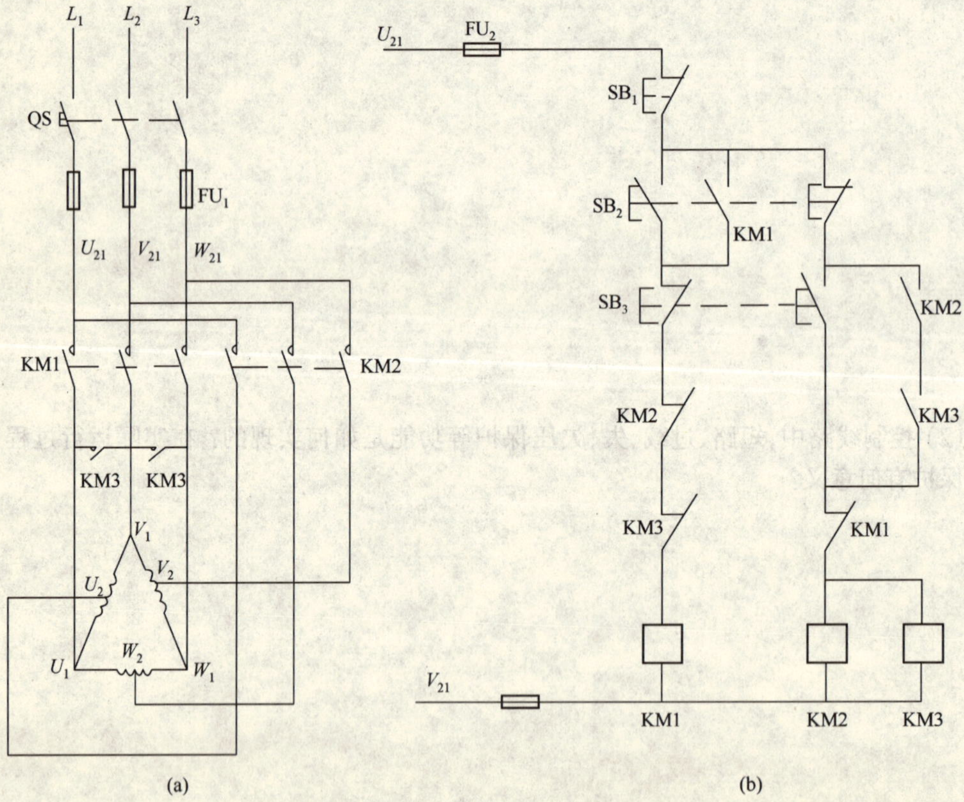

图 3-5-1　双速电动机主电路与控制电路

三、金属网板上电器布置图

电器元件布置图如图 3-5-2(a)、(b)所示。

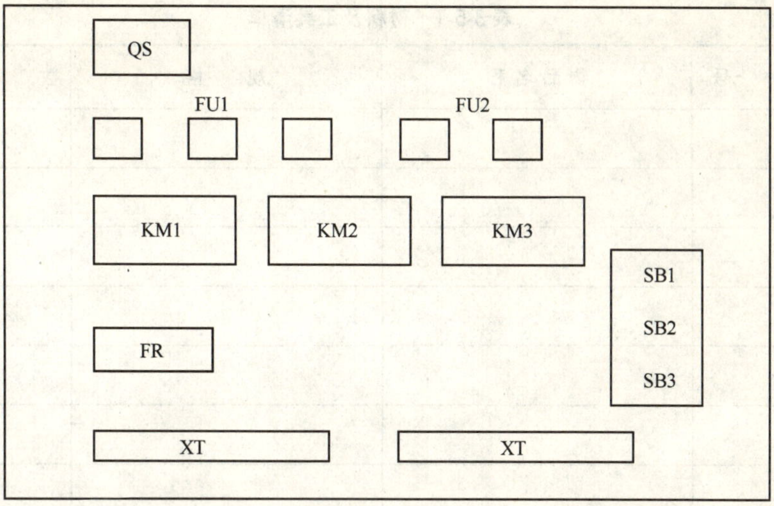

(a)

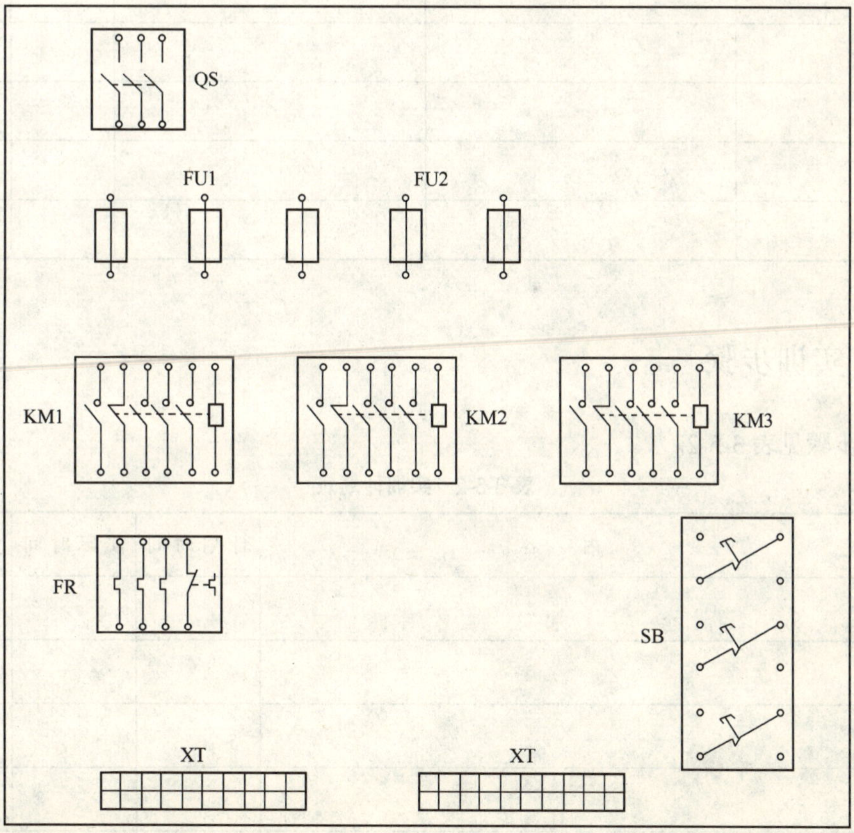

(b)

图 3-5-2　电器元件布置图

四、材料及工具清单

材料及工具清单见表 3-5-1。

表 3-5-1 材料及工具清单

序 号	代 号	物品名称	规 格	数 量	备注(产地)
1					
2					
3					
4					
5					
6					
7					
8					
9					
10					
11					
12					

五、实训步骤

实训步骤见表 3-5-2。

表 3-5-2 实训计划表

步 骤	内 容	计划时间	实际时间	完成情况

续表

步骤	内容	计划时间	实际时间	完成情况

六、试车过程

试车过程见表 3-5-3。

表 3-5-3 试车过程记录表

结果 / 观察项目 / 操作步骤	电动机速度	KM1 接触器	KM2 接触器	KM3 接触器	KM1 自锁触头

七、评分表

评分见表 3-5-4。

表 3-5-4　评分表

评分表 ______学年		工作形式 □个人□小组分工□小组	他人评分 □是　□不是		实际加工时间	
训练项目	训练内容	训练要求	配分	评分标准	学生评分	教师评分
主要项目	1. 制订工作计划 5 分	是否合理	5			
	2. 根据图纸和电动机的容量选择所用电器和导线	(1) 选用电器元件的种类数量和规格符合图纸要求和满足电动机容量的要求 (2) 根据电动机的容量选择主电路的导线截面	20	(1) 电路熔断器、熔体每有一种选择不正确扣 5 分 (2) 接触器的数量、规格选择不正确扣 6 分 (3) 时间继电器的规格选择不正确扣5 分 (4) 主电路所用导线截面选择不正确扣 5 分		
	3. 按图接线	接线应整齐、牢固，电器接触良好	15	(1) 接导线过长，走线杂乱每处扣 1 分 (2) 端头松动或电器接触不良每出现一处扣 5 分		
	4. 运行操作	(1) 电动机的运转情况应符合控制要求 (2) 高、低速时电动机的转向一致，用转速表检查高低转速应与电动机铭牌上一致 (3) 试运转时能处理电动机在高低速时转向不一致的情况	35	(1) 不用转速表测高低速的转速扣 6 分 (2) 不能一次解决电动机在高低速时转向不一致的现象扣 10 分 (3) 试车两次才达到训练要求扣 10 分 (4) 试车三次才达到训练要求扣 20 分 (5) 超过三次扣 26 分 (6) 试车过程中出现短路事故扣 30 分		
一般项目	1. 接线前的准备	(1) 绘出电气控制线路图 (2) 检查双速电动机的出线端，做各电器元件和连接导线的编号 (3) 测量电动机的绝缘电阻	10	(1) 线前不编号扣 10 分，编号不正确每处扣 1 分 (2) 不测量或不会测量扣 8 分 (3) 绘图不正确每处扣 1 分		
	2. 运行前的准备	(1) 对电动机做运行前准备检查 (2) 调节热继电器整定值 (3) 调节时间继电器延时时间	5	(1) 做通电检查时每漏一项扣 1 分 (2) 热继电器整定值调整不正确扣 5 分 (3) 时间继电器延时值调整不正确扣 5 分		

续表

评分表 ______学年		工作形式 □个人□小组分工□小组		他人评分 □是 □不是	实际加工时间	
训练项目	训练内容	训练要求	配分	评分标准	学生评分	教师评分
安全文明生产	1. 安全生产	按国颁安全生产法规有关规定要求	5	(1) 违反1条扣1分,扣完5分为止 (2) 违反安全生产规程,出现责任事故取消训练资格		
	2. 文明生产	按学校有关规定要求	5	违反1条扣1分,扣完5分为止		
其他				损坏仪表或电器元件扣35分,损坏电动机,取消训练资格		
训练体会			教师评语		总分	

九、思考题

(1) 简述你在实训中遇到的电路故障,分析原因及解决方法。

(2) 说明双速电动机工作原理。

实训 3.6　三相异步电动机Y—△降压起动控制

一、要求与目的

1. 实训要求

要求在 630×700 的网板上安装如图 3-6-1 电路。

2. 实训目的

(1) 通过对三相鼠笼式异步电动机Y—△降压起动控制线路的安装调试,掌握Y—△起动原理和控制方法。

(2) 掌握电气控制设备的安装调试方法。

二、原理图

三相异步电动机Y—△降压起动控制原理图,如图 3-6-1 所示。

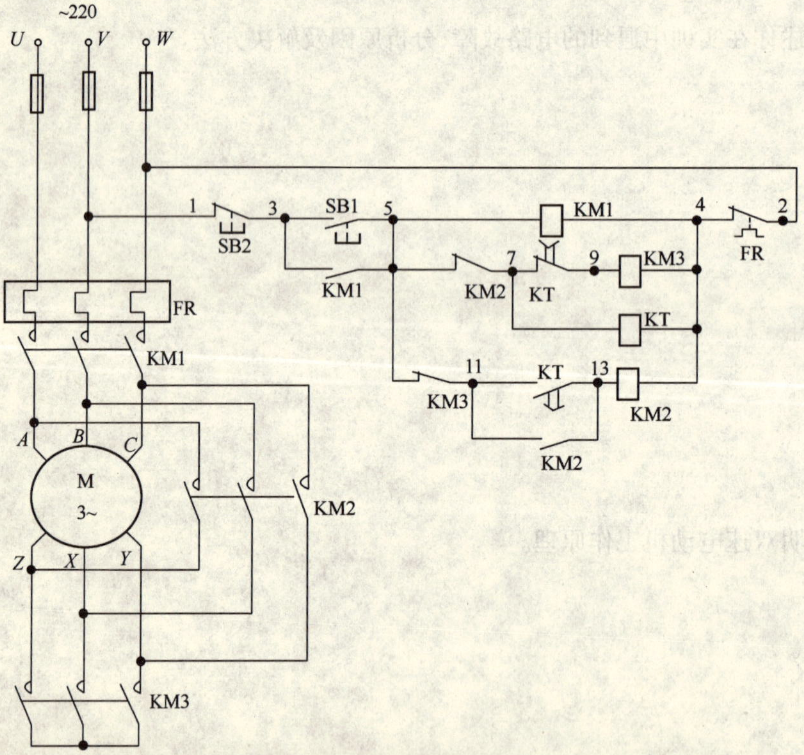

图 3-6-1　电气原理图

三、金属网板上电器布置图

电器元件布置图,如图 3-6-2(a)、(b)所示。

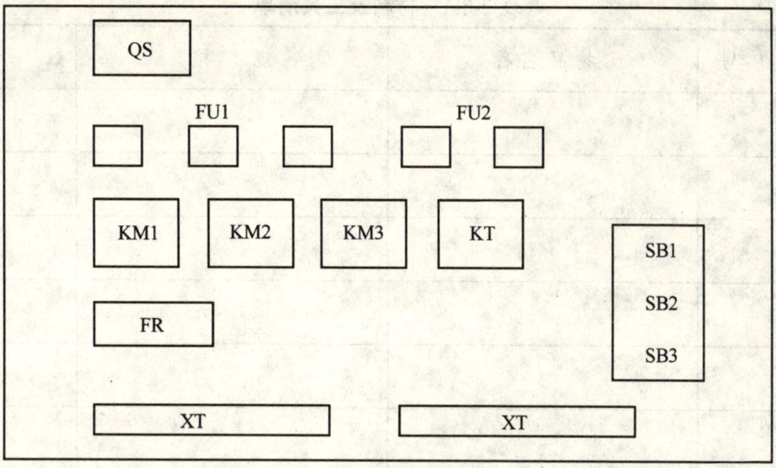

(a)

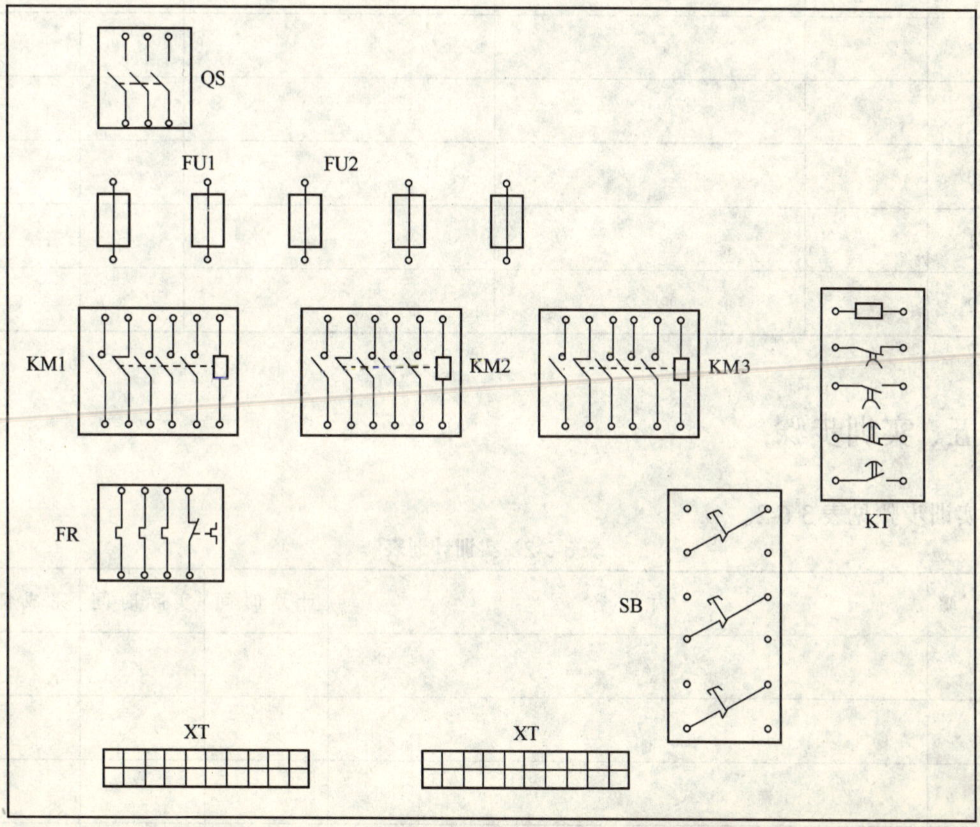

(b)

图 3-6-2　电器元件布置图

四、材料及工具清单

材料及工具清单见表 3-6-1。

表 3-6-1　材料及工具清单

序　号	代　号	物品名称	规　格	数　量	备　注
1					
2					
3					
4					
5					
6					
7					
8					
9					
10					
11					
12					

五、实训步骤

实训步骤见表 3-6-2。

表 3-6-2　实训计划表

步　骤	内　容	计划时间	实际时间	完成情况

续表

步　骤	内　容	计划时间	实际时间	完成情况

六、试车过程

试车过程见表 3-6-3。

表 3-6-3　试车过程表

观察项目 / 结　果 / 操作步骤	KM1 接触器	KM2 接触器	KM3 接触器	KT 时间继电器	电动机状态

七、评分表

评分见表 3-6-4。

表 3-6-4 评分表

评分表 _____学年	工作形式 □个人 □小组分工 □小组	他人评分 □是 □不是	实际加工时间			
训练项目	训练内容	训练要求	配分	评分标准	学生评分	教师评分
主要项目	1. 制订工作计划	是否合理	5			
	2. 根据图纸和电动机的容量选择所用电器和导线	(1) 选用电器元件的种类数量和规格符合图纸要求和满足电动机容量的要求 (2) 根据电动机的容量选择主电路的导线截面	15	(1) 电器元件每有一种选择不正确扣5分 (2) 主电路导线选择不正确扣5分		
	3. 按图接线	(1) 接线应整齐、牢固,电器接触良好 (2) 电动机外壳接地正确	15	(1) 布线不平整,走线杂乱每处扣1分 (2) 接线端头松动,电气接触不良每处扣5分		
	4. 运行操作	(1) 电动机的运转情况应符合控制要求 (2) 操作步骤正确 (3) 试运转时能处理异常情况 (4) 正确回答思考题	35	(1) 超过三次才达到控制要求扣25分 (2) 操作训练步骤不正确扣15分 (3) 不能正确处理运行中异常情况扣15分 (4) 不能正确回答思考题每题扣5分		
一般项目	1. 接线前的准备	(1) 检查所用电动机是否适合采用Y—△起动方式 (2) 按图纸在各电器元件和连接线端上编号 (3) 测量电动机的绝缘电阻	10	(1) 不知道所用电动机是否适合Y—△起动的扣5分 (2) 不测量和不会测量扣8分 (3) 接线前不编号扣10分 (4) 编号不正确每处扣1分		
	2. 运行前的准备	(1) 按要求对控制线路做通电检查 (2) 调节热继电器的整定值 (3) 调节时间继电器的延时时间	5	(1) 做通电检查时每漏一项扣1分 (2) 热继电器整定值不正确扣5分 (3) 时间继电器延时值不正确扣5分		

续表

评分表 ____学年		工作形式 □个人□小组分工□小组		他人评分 □是 □不是	实际加工时间	
训练项目	训练内容	训练要求	配分	评分标准	学生评分	教师评分
安全文明生产	1. 安全生产	按国颁安全生产法规有关规定要求	10	(1) 违反1条扣1分,扣完10分为止 (2) 违反安全生产规程,出现责任事故取消训练资格		
	2. 文明生产	按学校有关规定要求	5	违反1条扣1分,扣完5分为止		
其他				损坏仪表或电器元件扣35分,损坏电动机,取消训练资格		
训练体会			教师评语		总分	

八、思考题

(1) 采用Y—△降压起动对鼠笼电动机有何要求。

(2) 如果要用一只断电延时式时间继电器来设计异步电动机的Y—△降压起动控制线路,试问3个接触器的动作次序应作如何改动,控制回路又应如何设计?

(3) 控制回路中的一对互锁触头有何作用?若取消这对触头对Y—△降压换接起动有何影响,可能会出现什么后果?

(4) 降压起动的自动控制线路与手动控制线路相比较,有哪些优点?

实训 3.7　三相异步电动机顺序控制

一、要求与目的

1. 实训要求

要求在 630×700 的网板上安装电动机顺序控制电路。

2. 实训目的

(1) 通过对三相异步电动机顺序控制线路的安装调试，学会具有把电气原理图转化为实际电路图的能力。

(2) 能够分析三相异步电动机顺序控制的原理，并具备电气控制线路安装调试能力。

二、原理图

三相异步电动机顺序控制电路如图 3-7-1(a)、(b)所示。

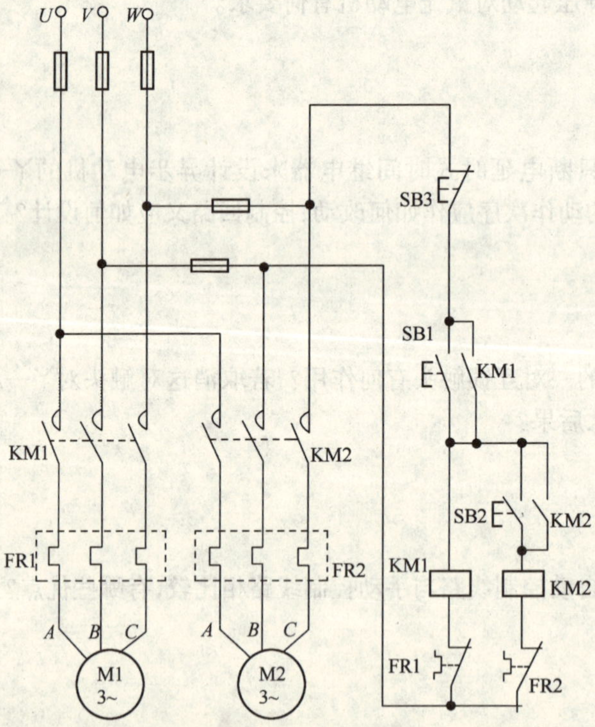

(a)

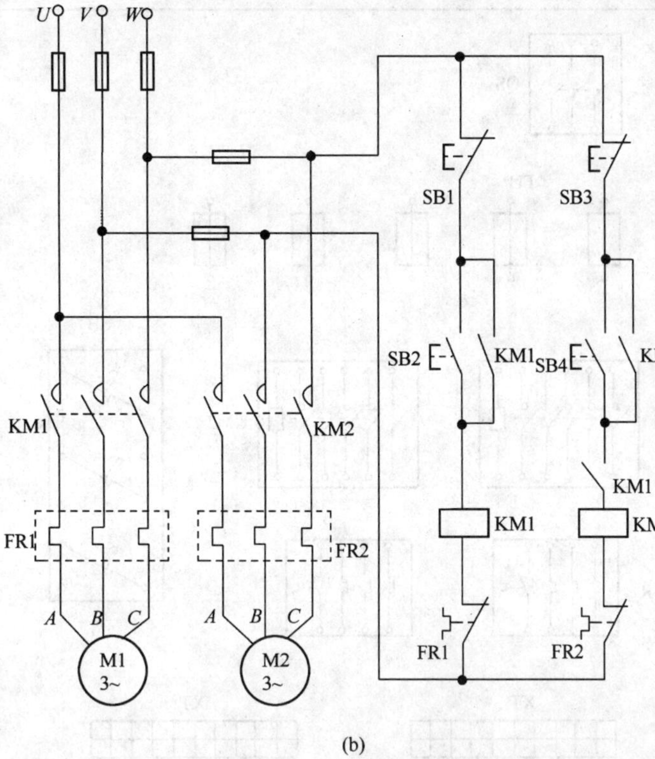

(b)

图 3-7-1　起动顺序控制

三、金属网板上电器布置图

电器元件布置如图 3-7-2(a)、(b)所示。

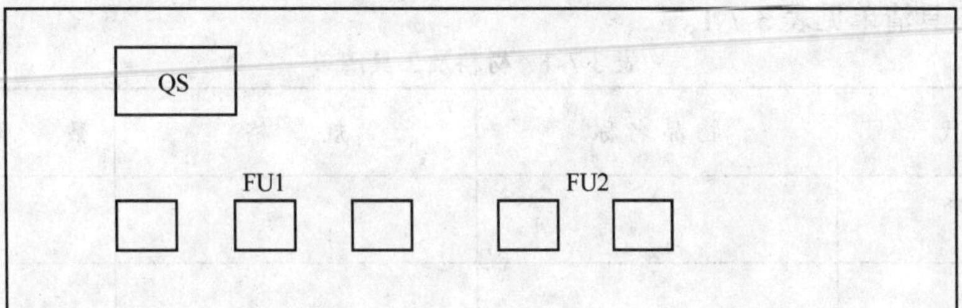

(a)

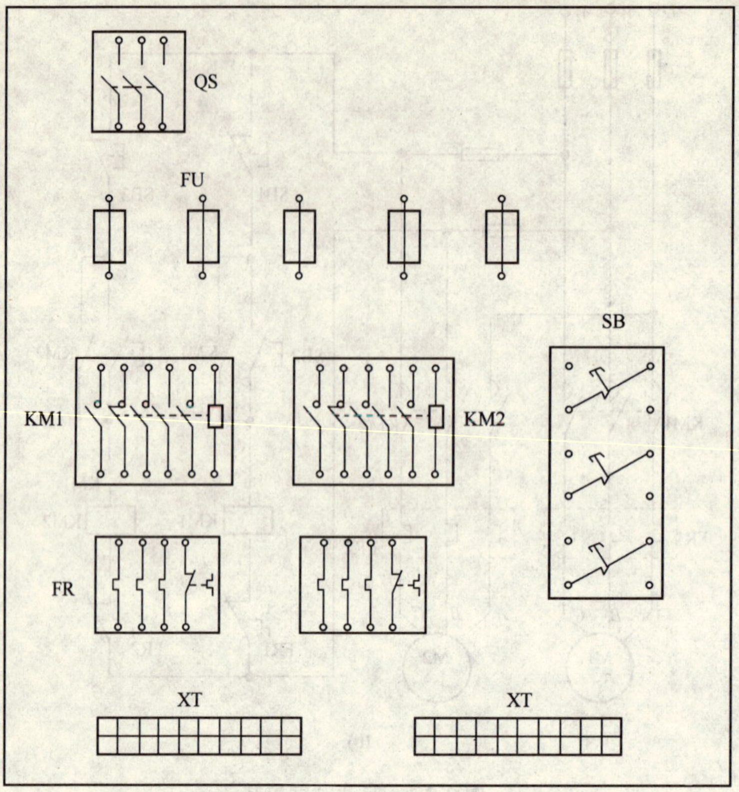

(b)

图 3-7-2　电器布置图

四、材料及工具清单

材料及工具清单见表 3-7-1。

表 3-7-1　材料及工具清单

序　号	代　号	物品名称	规　格	数　量	备　注
1					
2					
3					
4					
5					
6					

续表

序号	代号	物品名称	规格	数量	备注
7					
8					
9					
10					
11					
12					

五、实训步骤

实训步骤见表 3-7-2。

表 3-7-2 实训计划表

步骤	内容	计划时间	实际时间	完成情况

六、试车过程

试车过程见表 3-7-3。

表 3-7-3　试车过程表

观察项目 结果 操作步骤	KM1 接触器	KM2 接触器	M1 电动机	M2 电动机	KM1 辅助触头	KM2 辅助触头

七、评分表

评分见表 3-7-4。

表 3-7-4　评分表

评分表 ______学年	工作形式 □个人□小组分工□小组	他人评分 □是　□不是	实际加工时间

训练项目	训练内容	训 练 要 求	配分	评 分 标 准	学生评分	教师评分
主要项目	1．制订工作计划	是否合理	5			
	2．根据图纸和电动机的容量选择所用电器和导线	(1) 选用电器元件的种类数量和规格符合图纸要求和满足电动机容量的要求 (2) 根据电动机的容量选择主电路的导线截面	15	(1) 电路熔断器、熔体每有一种选择不正确扣 5 分 (2) 接触器的数量、规格选择不正确扣 6 分 (3) 主电路所用导线截面选择不正确扣 5 分		
	3．按图接线	(1) 接线应整齐、牢固，电器接触良好 (2) 电动机外壳接地正确	15	(1) 接线过长，走线杂乱每处扣 1 分 (2) 端头松动或电器接触不良每出现一处扣 5 分		
	4．运行操作	(1) 电动机的运转情况应符合控制要求 (2) 操作步骤正确 (3) 运转时能处理异常情况 (4) 正确回答思考题	35	(1) 不能一次达到图纸要求扣 10 分，试车两次才达到控制要求扣 15 分，试车超过三次扣 25 分 (2) 操作步骤不正确扣 15 分 (3) 试车中不能处理异常情况扣 15 分，试车过程中出现短路故障扣 50 分，不能正确回答问题每题扣 5 分		
一般项目	1．接线前的准备	(1) 按图纸在各电器元件和连接线端上编号 (2) 测量电动机的绝缘电阻	10	(1) 接线前不编号扣 10 分，编号不正确每处扣 1 分 (2) 不测量或不会测量扣 8 分		
	2．运行前的准备	对电动机做运行前准备检查	5	运行前对电动机所做检查每漏一项扣 1 分		
安全文明生产	1．安全生产	按国颁安全生产法规有关规定要求	10	1．违反 1 条扣 1 分，扣完 10 分为止 2．违反安全生产规程，出现责任事故取消训练资格		
	2．文明生产	按学校有关规定要求	5	违反 1 条扣 1 分，扣完 5 分为止		
其他				损坏仪表或电器元件扣 35 分，损坏电动机，取消训练资格		
训练体会			教师评语		总分	

八、思考题

(1) 比较图 3-7-1(a)、(b)两种线路的不同点和各自的特点。

(2) 列举几个顺序控制的机床控制实例,并说明其用途。

第4章 电子实训

实训4.1 电子实训预备知识

一、印制电路板焊接要领

对于电子制作，焊接是必不可少的工作，而往往因焊接要领掌握不当，尤其是初学制作的人，其焊接质量便很难保证。

焊接，是指通过加热使熔化的锡铅焊料，借助于焊剂的作用，熔于被焊件之缝隙。当焊料与被焊件结合面上无杂质，便在焊接面形成合金，将其连接在一起，形成牢固可靠的焊接点。

为得到高质量的焊接，焊接件表面应除去氧化膜与污物，之后涂松香等助焊剂，对于引脚表面已搪锡的，去污时不要刮去镀层。助焊剂不应使用有腐蚀性的焊锡膏等，以确保焊锡表面均匀光亮。引脚整形弯曲时，不应在根部打弯，以防折断。引线去皮不能过长，一般在3～5 mm，避免其裸露在外部分与其他部分相碰。对于铜箔已氧化的部分，应先除去氧化膜，打光后涂上“松香液”再焊接，以防虚焊。

具体焊接时，尚应注意以下事项：

(1) 掌握好焊接时间。为防止焊接时间长元件过热而损坏，一般焊接时间以3秒为宜，最长不能超过5秒钟，待锡全部熔化即移开烙铁，方能使焊点光亮美观。

(2) 掌握好焊接温度。烙铁温度过低，焊锡不能充分熔化，流动性差，焊点无光泽，易虚焊。烙铁温度过高，易烫坏元件或使印制板上的铜箔剥离。焊接温度与烙铁功率大小及焊接时间有关，通常印制元件焊接使用25 W烙铁，最大不宜超过30 W。

(3) 掌握好焊锡的多少。焊锡过少，连接强度不够；焊锡过多，不但浪费焊锡、焊点过大，也易与他处相连接，且不美观。焊锡的多少，应能将元件引线头全包住，并呈一薄层为宜。

(4) 焊接时，烙铁应贴紧焊盘与引线，送入焊丝即进行实时焊接，不应先熔化焊丝再焊接，那样易形成假焊，焊点不牢。

(5) 为了便于散热，小功率电阻可贴近印制板焊接，大功率电阻则距印制板一定高度焊接。其他不发热元件，可贴近印制板焊接。

(6) 在焊锡未凝固前不能移动被焊件。为加速焊点的凝固，可向焊点用嘴吹送冷风。

(7) 为防止被焊元件因焊接温度高而损坏，可用镊子、尖嘴钳子夹住被焊引脚，协助元件散热。

(8) 焊接完毕，要用斜口钳将焊点的多余焊脚引线剪断，不宜用力过大，以防焊点剥离于焊盘或焊盘断离印制板的铜箔。

(9) 检查有无假焊。造成虚假焊原因有安装孔过大、焊前处理马虎、焊锡质量差、未用助焊剂、烙铁温度过低及操作方法不当等。检查时可借助放大镜，并轻轻摇动引线焊脚，观察是否松动。对于虚假焊点，应重新焊接，使其牢固。

(10) 焊点检查完毕，用酒精清洗干净，之后可涂一层薄松香液，予以保护，防其焊点氧化，有碍美观。

二、电子制作中的故障排除方法

当印制电路板本身无故障，而在电子制作中常见的故障表现有以下几个方面。

1. 元器件方面

元器件自身质量有问题，如参数不符合要求，自身存在短路、断路等。安装前未经必要测试与筛选，安装后必然导致制作有故障。因此，在安装前对所有元器件必须进行筛选及相应的测试，确保元器件质量良好。例如，整流桥堆发热后膨胀，形成内部短路；三极管放大倍数过低或无放大作用；三极管极间开路或短路；二极管正反向均短路；小形中周变压器缠绕引脚的导线拖尾，与金属外壳短路等，均会给电子制作带来故障。这些因元器件先天性不足，只要安装前加以测试便可杜绝。

2. 焊接方面

在电子制作中因焊接不当而造成故障，更是屡见不鲜，如虚焊、假焊；元件烫坏，相邻焊点或线条搭锡导致短路，或者不慎将焊锡甩溅在印制板铜箔间。这就要求对焊点作详细检查，看有否虚焊、假焊及搭焊。为确保焊接质量，凡需焊接的元件与导线，原则上都应刮脚和搪锡，采用“先焊接、后剪脚”的顺序，以确保不发生虚焊、假焊。

3. 装配方面

装配不当亦是促成电子制作故障的重要原因，如带有极性元件的极性插错；元件东倒西歪，引脚相碰；绝缘薄膜破裂；金属屏蔽罩与元件引脚或印制板的铜箔线相碰；跨接线错位以及多股导线剥头掉落使印制板短路等。

当组装好的印制板电路出现短路故障时，不要轻率地将被怀疑的元件从板上拆下来，尤其是集成电路等引脚较多的元件极易损坏，印制板焊点亦容易受损，应优先考虑用放大镜观察各焊点、引脚、连线，并用手轻轻摇动元件，看有无虚焊、假焊及断裂。当被怀疑元件周边检查确无问题时，再拆下元件检查，以免徒劳。故障检查应仔细、耐心，不可草率行事，以防故障扩大。

三、正确使用电烙铁

电烙铁是电子制作、调试及维修中不可缺少的焊接工具。通常使用最多的电烙铁为 25 W 内热式，采取“握笔式”握法进行焊接。

1. 选用焊料、焊剂

电子制作常用焊料为锡铅合金，一般是制成空心焊锡丝，芯内贮有松香。其特点是焊料熔点低，凝固迅速及强度较高。焊剂多是选用松香或松香酒精溶液等中性焊剂。由于焊锡膏易腐蚀印制电路板的铜箔和元器件，一般都不使用。鉴于电烙铁功率小，焊丝直径不宜过大。

2. 焊接

为保证焊点牢固、接触良好与美观，不存在虚焊、假焊，在焊接前要用刀、断锯条或砂纸刮去或打光引脚引线上的油污、氧化膜或漆，直至露出光亮干净的表面，之后涂上松香溶液，其上搪一层锡。焊接时应掌握好温度及时间，焊接时间一般在 3～5 秒。若焊接时间过短，焊锡未与焊件充分浸熔易产生虚焊、假焊；时间过长，则将烫坏印制板的铜箔或元件。电烙铁温度过低，焊点表面粗糙、无光泽、呈豆腐渣状。焊接时，烙铁头应同时紧贴引脚或引线头及印制板上的焊盘铜箔，当焊点温度升至焊锡熔点时，焊锡熔化即自动流到引线与铜箔间，形成锥状光滑焊点，之后迅速移开烙铁。焊锡未完全凝固前，不能移动或摇动被焊元器件。焊锡可事前熔在烙铁头上，亦可在烙铁贴在焊点加热时将其送入。

3. 使用电烙铁注意事项

(1) 为防止损坏内部发热元件，电烙铁不能敲击。新电烙铁使用前，应先将烙铁头斜面打磨光滑，沾一点松香，再搪一层锡。

(2) 要经常保持烙铁头清洁，当积垢过多而发黑或凹陷时，重新打磨光搪上锡，亦可趁热将烙铁头浸在酒精中，待氧化层脱落后搪上锡。

(3) 用电烙铁焊集成电路时，应接地或拔下电源插头焊接，以防静电将集成电路损坏。

(4) 使用时应注意安全，烙铁应放在专用架上，以防烫坏导线、元器件或烫伤他人。

四、评分表

评分见表 4-1-1。

表 4-1-1　评分表

评分表 _____学年	工作形式 □个人□小组分工□小组		他人评分 □是　□不是	实际加工时间		
评分内容	评分标准	配　分		学生评分	教师评分	得分
导线焊接	(1) 导线焊接牢固(一处不牢固扣 5 分) (2) 焊点美观（一处不美观扣 3 分） (3) 焊点无虚焊(一处虚焊扣 5 分)	50 分				
线路板元件焊接	(1) 元件布置合理(不合理扣 5 分) (2) 无虚焊(一处虚焊扣 10 分) (3) 焊盘无损坏(焊盘损坏扣 3 分)	50 分				
安全文明生产	违反有关规定的酌情扣分					

续表

评分表 _____学年	工作形式 □个人□小组分工□小组		他人评分 □是 □不是	实际加工时间		
评分内容	评分标准		配分	学生评分	教师评分	得分
考核时间 45 分钟	每超过 5 分钟扣 5 分					
总分		学生签名： 教师签名： 日期：				

实训 4.2 用 555 定时器实现的晨昏电路

一、要求与目的

1. 实训要求

要求在 30×25 孔的线路板上焊接如图 4-2-1 电路。

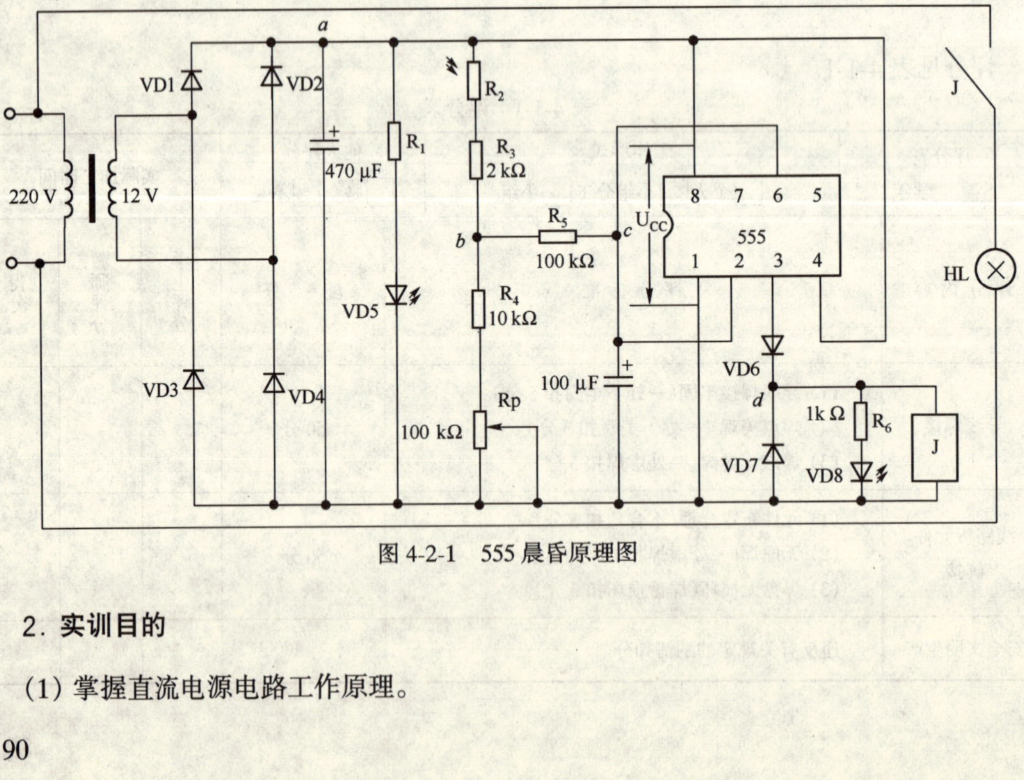

图 4-2-1 555 晨昏原理图

2. 实训目的

(1) 掌握直流电源电路工作原理。

(2) 了解 555 电路的作用。
(3) 学习元件的判别测试。
(4) 掌握布线技能。
(5) 学习电路测试方法。

二、原理图

555 晨昏原理图如图 4-2-1 所示。

市电经变压器降压、整流桥整流、电容滤波，给电路供电。R_2 是光敏电阻，当受较强光照时内阻变小，555 电路的 2、6 端子电位大于$\frac{2}{3}U_{CC}$，电压比较器 $U1$、$U2$ 分别输出 0 和 1，RS 触发器输出高电平，门电路 1 输出 0，555 电路的 3 脚输出低电平，继电器 J 失电释放，接点了断开使灯泡电源切断，灯熄灭；当光敏电阻受光照减少时，内阻增大，使 555 的 2、6 端子电位处于$\frac{1}{3}U_{CC}$与$\frac{2}{3}U_{CC}$之间时，555 电路的输出端保持不变；当光敏电阻不受光照时，内阻进一步增大，使 555 的 2、6 端子电位小于$\frac{1}{3}U_{CC}$，此时 555 电路的 3 脚输出高电平，继电器得电使接点了吸合，灯泡点亮。调节滑动变阻器 R_P 可以改变调节电路对光线的灵敏度。

三、元件装配图

元件布置图如图 4-2-2 所示。

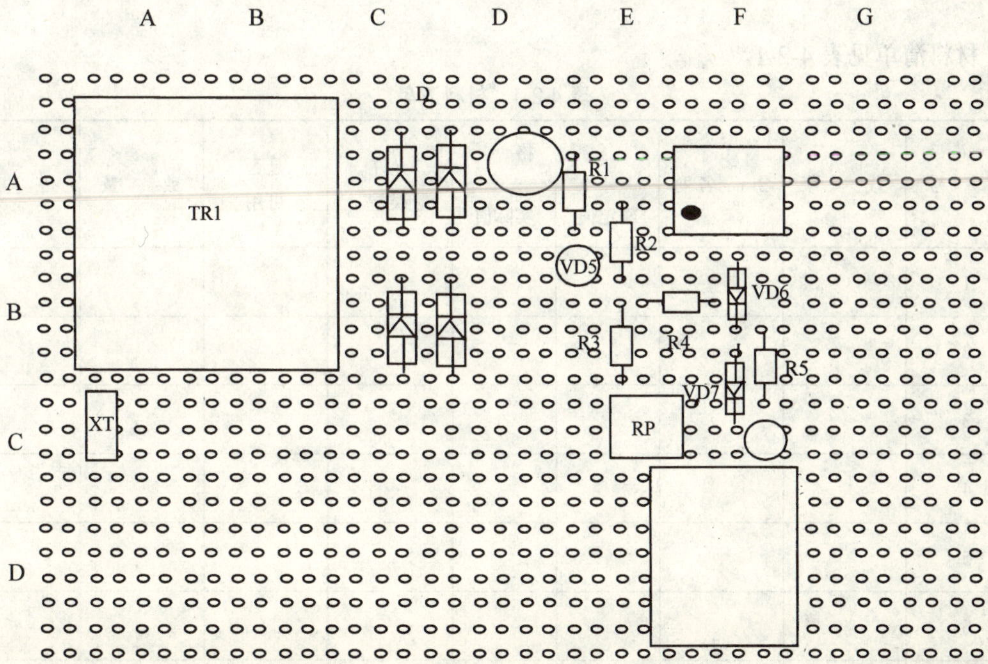

图 4-2-2　元件布置图

图 4-2-3 是整流、滤波电路的元件连接图，粗线部分表示线路板反面连线，其余电路参照整流、滤波电路连接，学生自己完成。

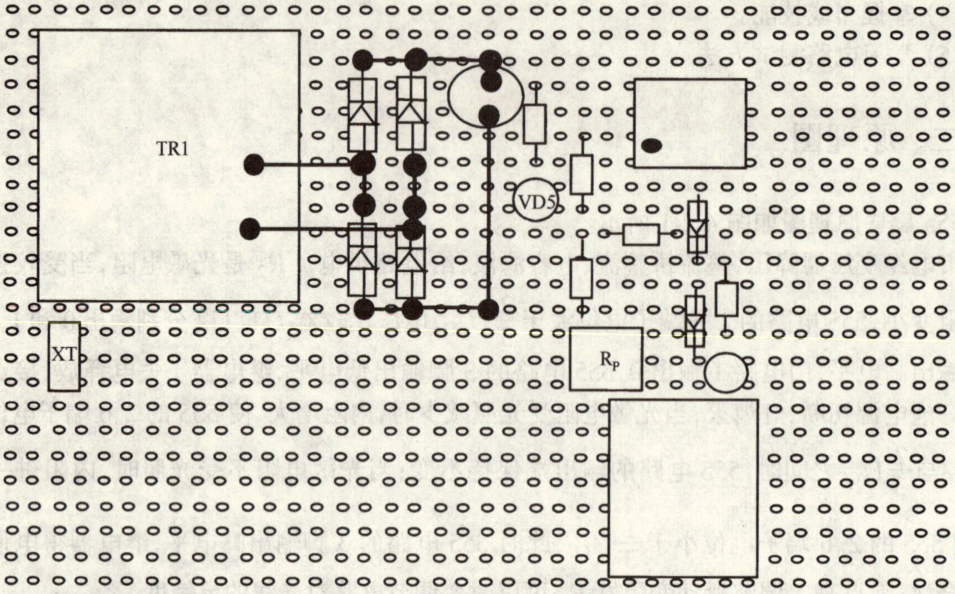

图 4-2-3　元件连接图

四、材料清单

材料清单见表 4-2-1。

表 4-2-1　材料清单

序　号	代　号	物品名称	规　格		允许误差	是否可用	数　量	备　注
			额定值	实际值				
1								
2								
3								
4								
5								
6								
7								

续表

序号	代号	物品名称	规格		允许误差	是否可用	数量	备注
			额定值	实际值				
8								
9								
10								
11								
12								

五、实训步骤

实训步骤见表 4-2-2。

表 4-2-2　实训计划表

步骤	内容	计划时间	实际时间	完成情况
1	看懂原理图,明确电路工作原理			
2	辨识、测试元件			
3	画布线图			
4	安装元件			
5	元件引脚间焊接连线			
6	用万用表测试电路			
7	通电调试			

六、调试过程

调试过程见表 4-2-3。

表 4-2-3 调试过程表

结果 \ 观察项目 / 操作步骤	*a* 点电位	*b* 点电位	*c* 点电位	*d* 点电位	观察 VD5 亮灭情况	观察 VD8 亮灭情况	观察继电器情况
R_2 不受光照时							
R_2 受光照时							

七、评分表

评分见表 4-2-4。

表 4-2-4 评分表

<table>
<tr><td colspan="2">评分表
______学年</td><td colspan="2">工作形式
□个人 □小组分工 □小组</td><td>他人评分
□是 □不是</td><td colspan="2">实际加工时间</td></tr>
<tr><td>评分内容</td><td colspan="2">评 分 标 准</td><td></td><td>学生评分</td><td>教师评分</td><td>得分</td></tr>
<tr><td>元件安装及焊接质量</td><td colspan="2">(1) 元件识别不清或极性安装错误造成电路故障,每个扣 10 分
(2) 元件焊接不牢,每处扣 10 分
(3) 焊点不美观,每个扣 5 分
(4) 焊点有虚焊,扣 10 分
(5) 通电不成功,每次扣 10 分</td><td>60 分</td><td></td><td></td><td></td></tr>
<tr><td>布线排版质量</td><td colspan="2">(1) 布线不是横平竖直,扣 10 分
(2) 布线有交叉、跳线,,每处扣 20 分
(3) 排版不美观合理,扣 10 分</td><td>40 分</td><td></td><td></td><td></td></tr>
</table>

续表

评分表 ____学年	工作形式 □个人 □小组分工 □小组	他人评分 □是 □不是	实际加工时间		
评分内容	评 分 标 准		学生评分	教师评分	得分
安全文明生产	违反有关规定的酌情扣分				
考核时间 720 分钟	每超过 5 分钟扣 5 分				
总分		学生签名:____ 教师签名:____ 日期:____			

八、思考题

(1) 如何根据色环的标识规则说出色环的阻值?

(2) VD1、VD2、VD3、VD4 四只二极管构成了怎样的电路,若其中一只二极管接反,能否正常工作?

(3) 电路布线时应注意什么?

(4) 在实际焊接时,怎样才能达到焊点圆滑光亮,无锡堆积,无虚焊,无毛刺?

(5) 说出用万用表判断二极管的阳极和阴极的方法。

实训 4.3　用分立元件实现的晨昏电路

一、要求与目的

1. 实训要求

要求在 30×25 孔的线路板上焊接如图 4-3-1 电路。

2. 实训目的

(1) 掌握降压、整流、滤波、稳压电路工作原理。
(2) 学习元件引脚的判别测试。
(3) 学习布线技能。
(4) 学习电路板测试方法。
(5) 学习电子线路板排放方法。

二、原理图

分立元件晨昏电路原理图如图 4-3-1 所示。

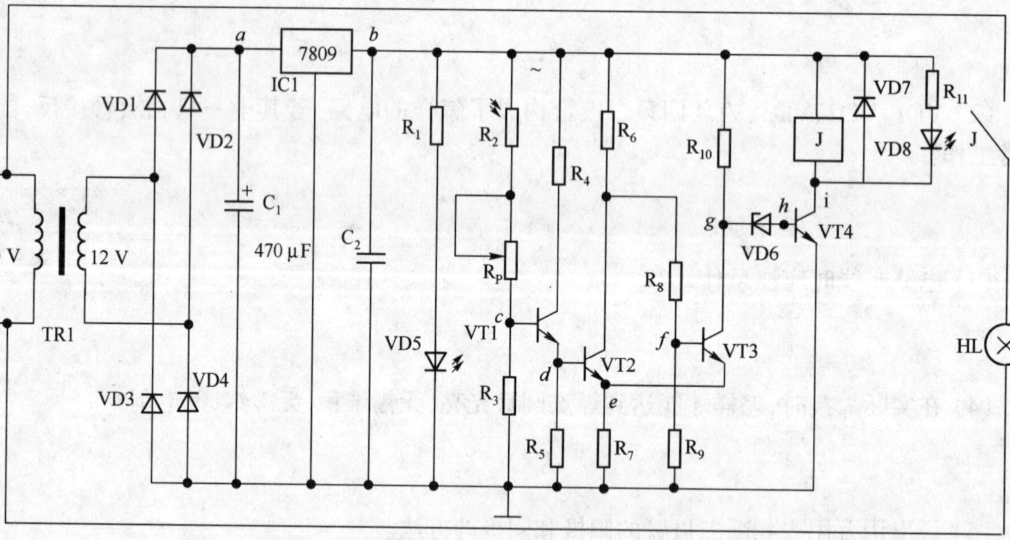

图 4-3-1　分立元件晨昏原理图

变压器 TR1 经整流滤波，IC1 进行稳压后，R_2，R_P，R_3 组成分压电路，光敏电阻 R_2 两端电压大小取决于光投射的强弱，光越多，R_2 电阻越小，因此电压也越小，当有足够的光照到 R_2 上时，继电器 J 吸合，通过其接点 J 接通电灯。VT2，VT3 构成史密特触发器，当 VT1 射极电压超过阈值 U_{min}时，触发器处于静止状态（VT3 截止，VT2 导通）。

三、元件装配图

元件装配如图 4-3-2。

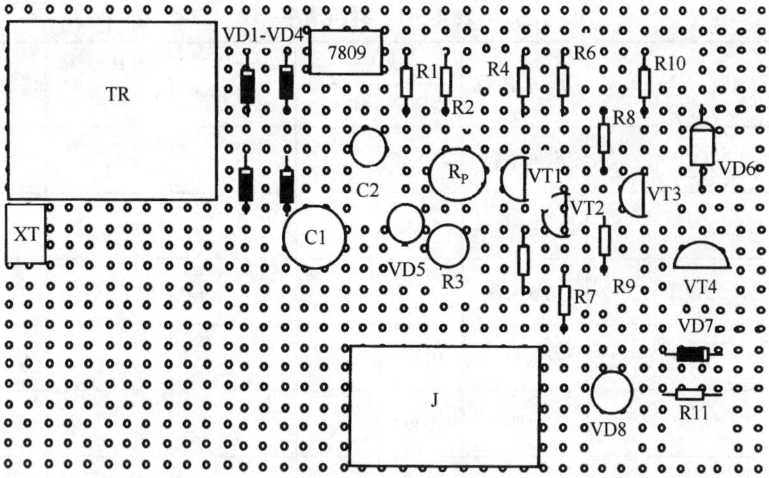

图 4-3-2　元件装配图

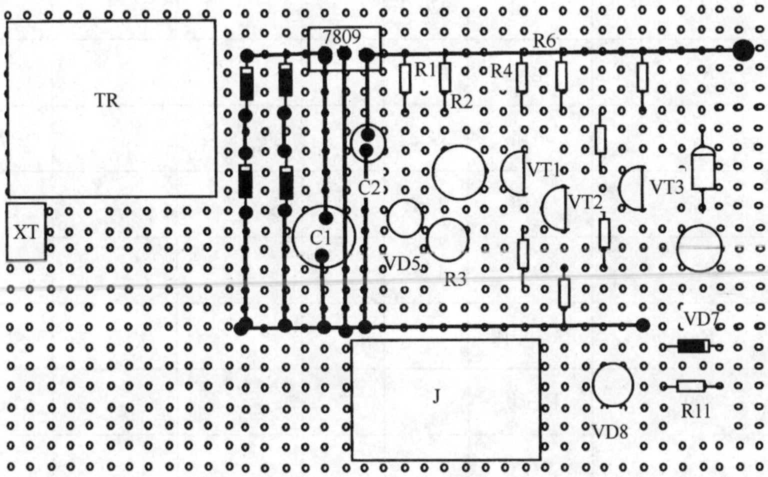

图 4-3-3　分立元件晨昏电路布线图

图 4-3-3 是分立元件晨昏电路布线图，粗黑线为背面布线，请继续完成背面元件布线图。要求在万能实验板上完成电路安装。

四、材料清单

材料清单见表 4-3-1。

表 4-3-1 材料清单

序号	代号	物品名称	规格		允许误差	是否可用	数量	备注
			额定值	实际值				
1	C_1	电解电容	470 μF				1	
2	R_1	电阻	5 kΩ				1	
3	R_2	光敏电阻					1	
4	R_3	电阻	10 kΩ				1	
5	R_4	电阻	10 kΩ				1	
6	R_5	电阻	10 kΩ				1	
7	R_6	电阻	2.7 kΩ				1	
8	R_7	电阻	220 Ω				1	
9	R_8	电阻	18 kΩ				1	
10	R_9	电阻	39 kΩ				1	
11	R_{10}	电阻	1 kΩ				1	
12	R_{11}	电阻	1 kΩ				1	
13	R_P	微调电阻					1	
14	7809	稳压块					1	
15	VD1～VD4、VD7	二极管					5	
16	VD6	稳压管					1	
17	VD5、VD8	发光二极管					2	
18	VT1～VT4	三极管					4	
19	J	继电器					1	
20	HL	灯泡					1	

五、实训步骤

实训步骤见表 4-3-2。

表 4-3-2　实训计划表

步　骤	内　容	计划时间	实际时间	完成情况

六、调试过程

调试过程见表 4-3-3。

表 4-3-3　调试过程表

观察项目 / 结果 / 操作步骤	*a* 点电位	*b* 点电位	*c* 点电位	*d* 点电位	*e* 点电位	*f* 点电位	*g* 点电位	*h* 点电位	*i* 点电位	观察 VD5 亮灭情况	观察 VD8 亮灭情况	观察继电器情况
R_2 不受光照时												
R_2 受光照时												

七、评分表

评分见表 4-3-4。

表 4-3-4　评分表

评分表 ______学年	工作形式 □个人 □小组分工 □小组		他人评分 □是 □不是	实际加工时间		
评分内容	评分标准		配　分	学生评分	教师评分	得分
元件安装及焊接质量	（1）元件识别不清或极性安装错误造成电路故障，每个扣 10 分 （2）元件焊接不牢，每处扣 10 分 （3）焊点不美观，每个扣 5 分 （4）焊点有虚焊，扣 10 分 （5）通电不成功，每次扣 10 分		60 分			

续表

评分表 ____学年	工作形式 □个人□小组分工□小组	他人评分 □是　□不是	实际加工时间		
评分内容	评分标准	配　分	学生评分	教师评分	得分
布线排版质量	(1) 布线不是横平竖直,扣 10 分 (2) 布线有交叉、跳线,每处扣 20 分 (3) 排版不美观合理,扣 10 分	40 分			
安全文明生产	违反有关规定的酌情扣分				
考核时间 720 分钟	每超过 5 分钟扣 5 分				
总分		学生签名: 教师签名: 日期:			

八、思考题

(1) VD5、VD6 起什么作用?要是 VD5、VD6 不正常我们该从何检查电路?

(2) 说明本电路整流、滤波、稳压过程及原理。

实训 4.4 报警电路

一、要求与目的

1. 实训要求

要求在 30×25 孔的线路板上焊接如图 4-4-1 所示电路。

2. 实训目的

(1) 了解各个门电路在电路中的作用。
(2) 说明报警电路的原理。

二、原理图

报警原理电路如图 4-4-1 所示。

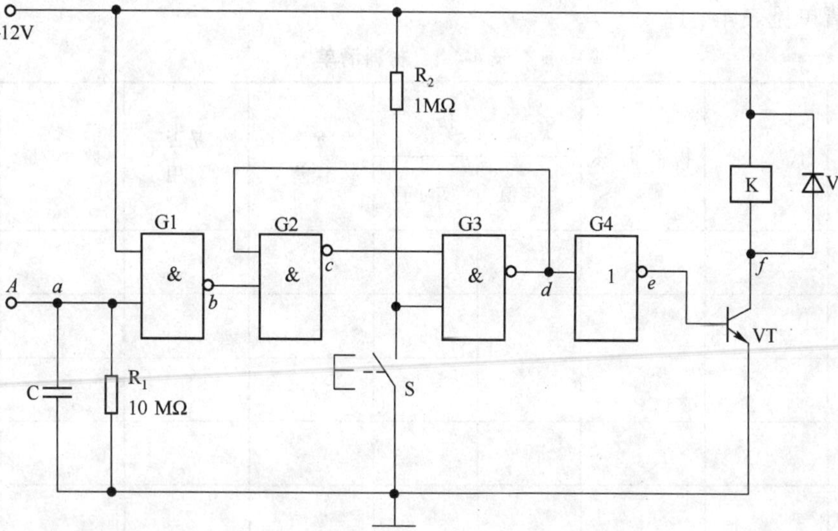

图 4-4-1 报警原理电路

CMOS 门电路由于输入阻抗高,就可以利用人体感应杂散电压作为报警信号。图中 A 点为一块薄铜皮,放在保险柜的锁边上。开始时按下按钮 S,与非门 G3 输入端输入低电平,输出为高电平,此时非门 G4 输出低电平,三极管 VT 处于截止状态,无报警。松开按钮 S,当有人用手触及铜皮时,相当于在 A 点加高电平,与非门 G1 输入全为 1,输出为 0,与非门 G2 输入端有 0,输出端为 1,与非门 G3 输入端全为 1,输出为 0,非门 G4 输出为 1,三极管 VT 处于导通状态,继电器 K 得电,报警器立即报警。直到按下按钮 S 方可解除报警。图 4-4-1 中 C 的数值视铜皮离 G1 输入端引线的长度调试而定。图中继电器 K 是用来控制警铃电路的。

三、元件装配图

根据原理图 4-4-1 画出元件装配图。

四、材料清单

材料清单见表 4-4-1。

表 4-4-1 材料清单

序号	代号	物品名称	规格		允许误差	是否可用	数量	备注
			额定值	实际值				
1								
2								
3								
4								
5								
6								
7								
8								
9								
10								

五、实训步骤

实训步骤见表 4-4-2。

表 4-4-2　实训计划

步　骤	内　容	计划时间	实际时间	完成情况

六、调试过程

调试过程见表 4-4-3。

表 4-4-3　调试过程表

观察项目 / 结果 / 操作步骤	*a* 点电位	*b* 点电位	*c* 点电位	*d* 点电位	*e* 点电位	*f* 点电位	观察继电器情况
A 无杂散感应信号							
A 有杂散感应信号							
再按下 S							

七、评分表

评分见表 4-4-4。

表 4-4-4

<table>
<tr><td>评分表
____学年</td><td colspan="2">工作形式
□个人 □小组分工 □小组</td><td colspan="2">他人评分
□是 □不是</td><td colspan="2">实际加工时间</td></tr>
<tr><td>评分内容</td><td>评分标准</td><td>配分</td><td>学生评分</td><td>教师评分</td><td>得分</td></tr>
<tr><td>元件安装及焊接质量</td><td>(1) 元件识别不清或极性安装错误造成电路故障,每个扣 10 分
(2) 元件焊接不牢,每处扣 10 分
(3) 焊点不美观,每个扣 5 分
(4) 焊点有虚焊,扣 10 分
(5) 通电不成功,每次扣 10 分</td><td>60 分</td><td></td><td></td><td></td></tr>
<tr><td>布线排版质量</td><td>(1) 布线不是横平竖直,扣 10 分
(2) 布线有交叉、跳线,,每处扣 20 分
(3) 排版不美观合理,扣 10 分</td><td>40 分</td><td></td><td></td><td></td></tr>
<tr><td>安全文明生产</td><td>违反有关规定的酌情扣分</td><td></td><td></td><td></td><td></td></tr>
<tr><td>考核时间
720 分钟</td><td>每超过 5 分钟扣 5 分</td><td></td><td></td><td></td><td></td></tr>
<tr><td>总分</td><td></td><td colspan="4">学生签名:____
教师签名:____
日期:____</td></tr>
</table>

八、思考题

分析电路的工作原理。

实训 4.5 鉴别第一电路

一、要求与目的

1. 实训要求

要求在 30×60 孔的线路板上焊接如图 4-5-1 所示电路。

2. 实训目的

(1) 了解非门、与非门电路在电路中的作用。
(2) 了解 D 触发器在电路中的作用。

二、原理图

由 D 触发器、非门、与非门构成的鉴别电路,如图 4-5-1 所示。

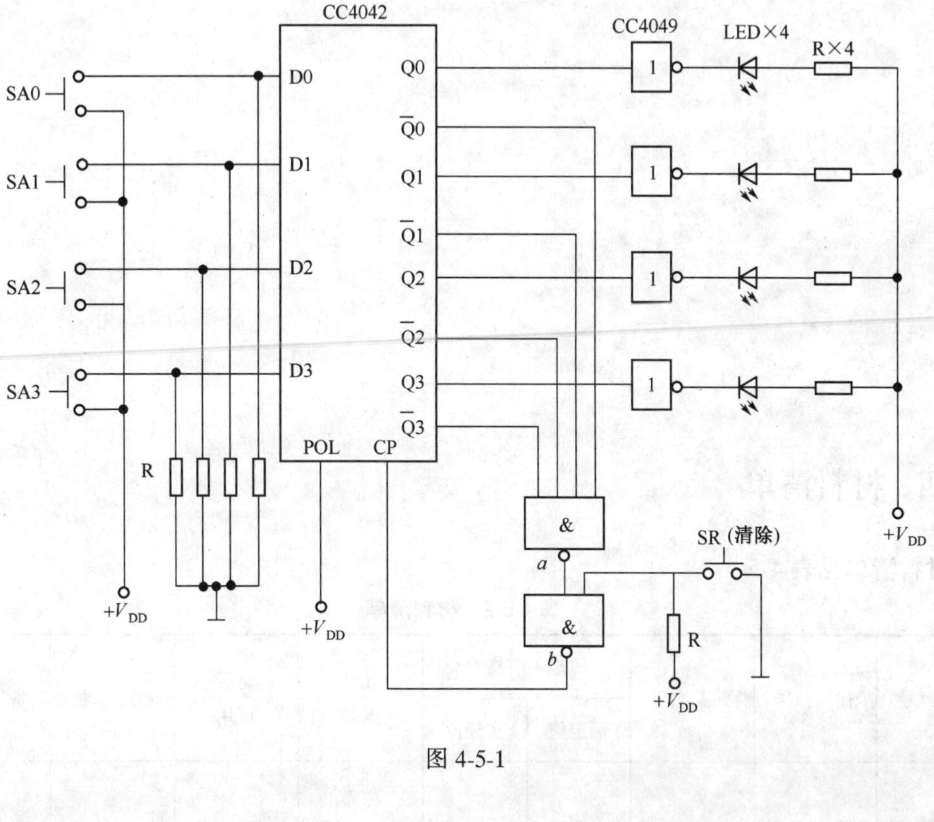

图 4-5-1

表 4-5-1　CC4042 的功能表

D	CP	POL	Q
D	0	0	D
D	↑	0	锁存
D	1	1	D
D	↓	1	锁存

POL 为极性控制端：当 POL=1 时，于 CP=1 时，接收 D 信号，并于 CP 下降沿时锁存 D 信号。当 POL=0 时，于 CP=0 时，接收 D 信号，并于 CP 上升沿时锁存 D 信号。

三、元件装配图

根据原理图 4-5-1 画出元件装配图。

四、材料清单

材料清单见表 4-5-2。

表 4-5-2　材料清单

序　　号	代　　号	物品名称	规　　格		允许误差	是否可用	数　　量	备　　注
			额定值	实际值				
1								
2								

续表

序号	代号	物品名称	规格		允许误差	是否可用	数量	备注
			额定值	实际值				
3								
4								
5								
6								
7								
8								
9								
10								

五、实训步骤

实训步骤见表 4-5-3。

表 4-5-3　实训计划

步骤	内容	计划时间	实际时间	完成情况

续表

步骤	内容	计划时间	实际时间	完成情况

六、调试过程

调试过程见表 4-5-4。

表 4-5-4 调试过程

观察项目 结果 操作步骤	Q_0	$\overline{Q_0}$	Q_1	$\overline{Q_1}$	Q_2	$\overline{Q_2}$	Q_3	$\overline{Q_3}$	a 点电平	b 点电平	LED 亮灭情况
按下 SA0											
按下 SA1											
按下 SA2											
按下 SA3											

七、评分表

评分见表 4-5-5。

表 4-5-5　评分表

评分表 _____学年	工作形式 □个人 □小组分工 □小组	他人评分 □是 □不是	实际加工时间		
评分内容	评分标准	配分	学生评分	教师评分	得分
元件安装及焊接质量	(1) 元件识别不清或极性安装错误造成电路故障,每个扣 10 分 (2) 元件焊接不牢,每处扣 10 分 (3) 焊点不美观,每个扣 5 分 (4) 焊点有虚焊,扣 10 分 (5) 通电不成功,每次扣 10 分	60 分			
布线排版质量	(1) 布线不是横平竖直,扣 10 分 (2) 布线有交叉、跳线,每处扣 20 分 (3) 排版不美观合理,扣 10 分	40 分			
安全文明生产	违反有关规定的酌情扣分				
考核时间 720 分钟	每超过 5 分钟扣 5 分				
总分		学生签名:__________ 教师签名:__________ 日期:__________			

八、思考题

(1) 图中 CC4042 的 CP 脉冲何时起作用?

(2) 开始工作前,先按下复位按钮 SR 起何作用?此后,若 SA0～SA3 均未按下,将 SR 松开,是否影响 CP 的状态?此时电路处于什么状态?

(3) 若有一个按钮按下(假设 SA2),电路有何输出指示?此后,若再有其他按钮按下,有何影响?

(4) 若重复进行下一次抢答,应如何操作?